高等院校城乡规划专业本科系列教材

武汉大学规划教材建设项目资助出版

城市设计理论与方法

（第二版）

■ 主　编　李　军

■ 副主编　徐轩轩　赵　涛

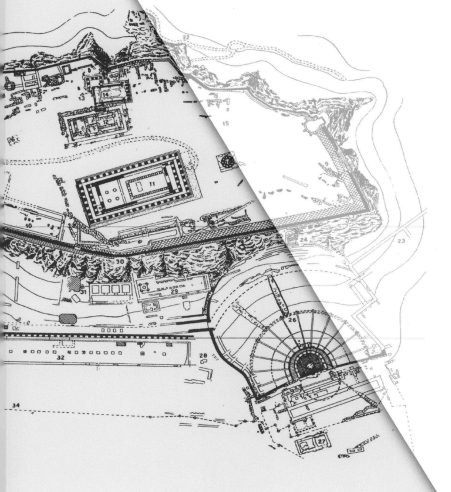

WUHAN UNIVERSITY PRESS
武汉大学出版社

图书在版编目(CIP)数据

城市设计理论与方法/李军主编.—2 版 . —武汉：武汉大学出版社，2024.3
高等院校城乡规划专业本科系列教材
ISBN 978-7-307-24259-3

Ⅰ.城…　Ⅱ.李…　Ⅲ.城市规划—建筑设计—高等学校—教材
Ⅳ.TU984

中国国家版本馆 CIP 数据核字(2024)第 033416 号

责任编辑:任仕元　　　责任校对:汪欣怡　　　版式设计:马　佳

出版发行:**武汉大学出版社**　　(430072　武昌　珞珈山)
(电子邮箱:cbs22@ whu.edu.cn 网址:www.wdp.com.cn)
印刷:湖北恒泰印务有限公司
开本:787×1092　1/16　印张:13.75　字数:317 千字　插页:1
版次:2010 年 9 月第 1 版　　2024 年 3 月第 2 版
　　2024 年 3 月第 2 版第 1 次印刷
ISBN 978-7-307-24259-3　　定价:45.00 元

总　序

随着中国城市建设的迅速发展，城市规划学科涉及的学科领域越来越广泛。同时，随着科学技术的突飞猛进，城市规划研究方法、规划设计方法及城市规划技术方法也有很大的变化，这些变化要求城市规划高等教育在教学结构、教学内容及教学方法上做出适时调整。因此，我们特别组织编写了这套高等院校城市规划专业本科系列教材，以满足高等城市规划专业教育发展的需要。

这套教材由城市规划与设计、风景园林及城市规划技术三大子系列组成。每本教材的主编都有从事相应课程教学20年以上的经验，课程讲义经历了不断更新及充实的过程，有些讲义凝聚了两代教师的心血。教材编写过程中，有关编写人员在原有讲义基础上，广泛收集最新资料，特别是最近几年的国内外城市规划理论及实践的资料。教材在深入讨论、反复征求意见及修改的基础上完成，可以说这是一套比较成熟的城市规划本科教材。我们希望在这套教材完成之后，将继续相关教材编写，如城市规划原理、城市建设历史、城市基础设施规划等，以使该套教材更完整、更全面。

本系列教材注重知识的系统性、完整性、科学性及前沿性，同时与实践相结合，提出与规划实践、城市建设现状、城市空间现状相关的案例及问题，以帮助、引导学生积极自觉思考和分析问题，鼓励学生创新意识，力求培养学生理论联系实际、解决实际问题的能力，使我们的教学更具开放性和实效性。

这套教材不仅可以作为高等院校城市规划和建筑学专业本科教材及教学参考书，同时也可以作为从事建筑设计、城市规划设计、园林景观设计以及城市规划研究人员的工具书和参考书。

希望这套教材的出版能够为城市规划高等教育的教学及学科发展起到积极的推进作用，为城市规划专业及建筑学专业的师生带来丰富的有价值的资料，同时还能为城市规划师及其相关专业的从业者带来有益的帮助。

教材在编写过程中参考了同行的著作和研究成果，在此一并表示感谢。也希望专家、学者及读者对教材中的不足之处提出批评指正意见，帮助我们更好地完善这套教材的建设。

前　　言

城市设计是目前城乡规划专业的必修课程。第一版《城市设计理论与方法》教材出版已经有 10 余年了，编写工作由李军、毛彬、江敬东、刘林、尤东晶、徐轩轩、许艳玲、王江萍、宋菊芳、陈丹等完成。教材出版以后，得到了广泛的使用，很多兄弟院校采用本书作为"城市设计"课程的教材和参考资料。随着我国城市发展，城市设计的工作日益增多，城市设计面临的问题也越来越复杂，城市设计的方法与手段也多样化，因此我们认为有必要不断更新城市设计的教学内容及教学方法。

一方面，十多年来，城市设计的方法和实践出现了大量新的特征和内涵。第一版教材许多内容需要根据理论研究的进展和建设实践的变化做出修改和修订。另一方面，近十年来，国内出版了大量城市设计相关的教材和参考资料，从各个维度对城市设计的理论、实践、操作方法、新技术的运用等方面进行了详细的阐述。在如今这样一个信息爆炸的时代，城市设计的基本内涵和经典理论是进行城市设计学习的起点，城市设计的核心方法是城乡规划专业学生必须了解和理解的内容。基于这样的理念，本教材的编写，主要基于城市设计的核心要素和理论进行展开。其修订内容也以这个理念进行延续。

本教材编写分工如下：第 1 章、第 2 章由赵涛、李军编写；第 4 章、第 5 章由张娅薇、李军编写；第 3 章、第 7 章由毛彬、李军编写；第 6 章、第 8 章由徐轩轩、李军编写。

目　　录

第 1 章　城市设计概论 ··· 1

1.1　城市设计的定义与目标 ··· 1

1.1.1　城市设计的定义 ·· 1

1.1.2　城市设计的目标与评价 ····································· 2

1.2　城市设计的尺度及范围 ··· 3

1.2.1　宏观空间城市设计 ·· 3

1.2.2　中观空间城市设计 ·· 4

1.2.3　微观空间城市设计 ·· 4

1.3　城市设计的发展历程 ·· 5

1.4　城市设计与相关专业的关系 ·· 9

1.4.1　城市设计与城市规划的关系 ······························ 9

1.4.2　城市设计与国土空间规划的关系 ······················ 10

1.4.3　城市设计与建筑设计的关系 ····························· 11

本章小结 ·· 11

思考题 ··· 11

第 2 章　城市空间及相关概念 ·· 12

2.1　城市空间概念 ··· 12

2.1.1　西方的空间概念 ··· 12

2.1.2　中国的空间概念 ··· 13

2.1.3　城市空间的概念 ··· 13

2.2　尺度与比例 ·· 13

2.2.1　人的尺度与感知尺度 ·· 13

2.2.2　比例与模数 ··· 14

2.3　城市空间与视知觉 ·· 16

2.3.1　视域与城市空间要素的基本关系 ······················ 16

2.3.2　人与城市空间要素的尺度关系 ·························· 17

2.3.3　透视与反透视原理 ·· 18

2.4　视觉要素：形式与形态、密度、纹理、质感、色彩与空间 ····· 18

2.4.1　形式与形态 ··· 19

2.4.2　纹理质感 ··· 19

　　2.4.3　色彩与光影 ……………………………………………… 20
　2.5　空间形态要素的组织规律(视觉要素的组织规律) ……… 20
　　2.5.1　对称与非对称 ……………………………………………… 21
　　2.5.2　重复 ……………………………………………………… 23
　　2.5.3　渐进 ……………………………………………………… 25
　　2.5.4　对比 ……………………………………………………… 25
　本章小结 ……………………………………………………… 29
　思考题 ………………………………………………………… 29

第3章　城市设计分析要素及前期分析 ……………………… 30
　3.1　城市自然环境 …………………………………………… 30
　　3.1.1　地形地貌 …………………………………………………… 30
　　3.1.2　自然气候 …………………………………………………… 32
　　3.1.3　自然植被 …………………………………………………… 35
　3.2　城市空间形态现状分析 ………………………………… 36
　　3.2.1　城市空间肌理分析 ………………………………………… 36
　　3.2.2　城市建筑现状分析 ………………………………………… 41
　　3.2.3　城市道路交通现状分析 …………………………………… 49
　　3.2.4　城市街道设施现状分析 …………………………………… 51
　　3.2.5　城市景观现状分析 ………………………………………… 51
　3.3　城市的社会与经济分析 ………………………………… 52
　　3.3.1　社会风俗及生活方式 ……………………………………… 52
　　3.3.2　社会制度、社会政策 ……………………………………… 53
　　3.3.3　经济体制及土地所有制 …………………………………… 54
　　3.3.4　经济技术发展 ……………………………………………… 54
　本章小结 ……………………………………………………… 55
　思考题 ………………………………………………………… 55

第4章　城市空间类型及空间组织元素 ……………………… 56
　4.1　城市空间类型 …………………………………………… 56
　　4.1.1　街区 ………………………………………………………… 56
　　4.1.2　街道 ………………………………………………………… 61
　　4.1.3　广场 ………………………………………………………… 66
　　4.1.4　城市绿地 …………………………………………………… 70
　4.2　城市空间组织元素 ……………………………………… 71
　　4.2.1　城市建筑与城市空间 ……………………………………… 71
　　4.2.2　城市街道设施与城市空间 ………………………………… 72
　　4.2.3　城市道路交通设施与城市空间 …………………………… 72

　　4.2.4　城市广告、招牌与城市空间 ……………………………………………… 75

　　4.2.5　植物与城市空间 …………………………………………………………… 75

　　4.2.6　铺地与城市空间 …………………………………………………………… 77

本章小结 ……………………………………………………………………………… 78

思考题 ………………………………………………………………………………… 79

第5章　城市空间组织及城市空间分析 …………………………………………… 80

5.1　街道空间的功能及空间组织 …………………………………………………… 80

　　5.1.1　街道空间组织 ……………………………………………………………… 80

　　5.1.2　步行街的空间序列组织 …………………………………………………… 89

　　5.1.3　步行街道的规模 …………………………………………………………… 91

　　5.1.4　步行街汽车交通停车空间的布局 ………………………………………… 91

　　5.1.5　步行街道的防灾设计 ……………………………………………………… 92

5.2　广场空间的组织与分析 ………………………………………………………… 92

　　5.2.1　广场与建筑 ………………………………………………………………… 92

　　5.2.2　欧洲文艺复兴时期的广场 ………………………………………………… 95

　　5.2.3　现代广场 …………………………………………………………………… 104

　　5.2.4　小结 ………………………………………………………………………… 113

5.3　城市轴线及空间的组织 ………………………………………………………… 113

　　5.3.1　轴线的定义及城市轴线的构成 …………………………………………… 113

　　5.3.2　城市轴线空间特点 ………………………………………………………… 114

　　5.3.3　轴线空间的组织 …………………………………………………………… 115

5.4　城市空间序列 …………………………………………………………………… 117

　　5.4.1　明清时期北京宫城的空间序列 …………………………………………… 117

　　5.4.2　中国佛教寺庙空间序列 …………………………………………………… 118

5.5　城市中心构成及空间组织 ……………………………………………………… 119

　　5.5.1　城市中心的构成 …………………………………………………………… 119

　　5.5.2　城市中心空间组织分析 …………………………………………………… 120

5.6　城市空间标志性要素及布局 …………………………………………………… 128

　　5.6.1　城市空间标志物特征 ……………………………………………………… 128

　　5.6.2　城市标志物空间的布局及组织 …………………………………………… 129

本章小结 ……………………………………………………………………………… 133

思考题 ………………………………………………………………………………… 133

第6章　城市色彩 …………………………………………………………………… 134

6.1　色彩基本理论及城市色彩设计方法 …………………………………………… 134

　　6.1.1　色彩的构成要素 …………………………………………………………… 134

　　6.1.2　色彩对比 …………………………………………………………………… 135

6.1.3 色彩协调 ·· 136

6.1.4 色彩的感觉 ·· 136

6.1.5 色彩表现 ·· 138

6.2 城市色彩设计方法及运用 ··································· 139

6.2.1 城市色彩的和谐 ·· 139

6.2.2 城市街区色彩 ·· 139

6.2.3 城市的重点色 ·· 139

6.2.4 城市的点缀色彩 ·· 139

6.3 城市色彩应用实例 ··· 141

6.3.1 中国城市色彩运用 ·· 141

6.3.2 欧洲城镇色彩运用 ·· 141

6.3.3 现代城市色彩运用 ·· 143

本章小结 ·· 145

思考题 ·· 145

第7章 城市绿地景观设计 ······································· 147

7.1 城市景观界定 ··· 147

7.1.1 景观的概念 ·· 147

7.1.2 城市绿地景观 ·· 149

7.2 城市景观设计要素 ··· 151

7.2.1 植物 ·· 151

7.2.2 地形 ·· 153

7.2.3 水景 ·· 155

7.2.4 景观建筑及小品 ·· 158

7.3 城市公园绿地景观 ··· 161

7.3.1 公园绿地的分类 ·· 161

7.3.2 各类公园绿地的规划设计 ··································· 161

7.4 居住区绿地景观 ··· 165

7.4.1 居住区绿地的分类 ·· 165

7.4.2 各级生活圈居住区公共绿地景观设计的要点 ················· 165

7.4.3 居住街坊绿地景观设计的要点 ······························ 166

7.4.4 居住区绿地景观设计需要注意的问题 ······················· 166

7.5 街道广场绿地景观 ··· 167

7.5.1 道路广场绿地的分类 ······································ 167

7.5.2 街头绿地和口袋公园 ······································ 167

7.5.3 步行街绿地 ·· 168

7.5.4 林荫道绿地 ·· 169

7.5.5 滨河道绿地 ·· 170

　　　7.5.6　广场绿地 ……………………………………………………… 170
　7.6　滨水绿地景观 …………………………………………………………… 172
　　　7.6.1　城市滨水绿地的设计原则 ……………………………………… 172
　　　7.6.2　规划设计要点 …………………………………………………… 173
　7.7　重要建筑环境植物景观配置设计 ……………………………………… 174
　　　7.7.1　标志性建筑和构筑物 …………………………………………… 174
　　　7.7.2　纪念性建筑 ……………………………………………………… 175
　　　7.7.3　建筑群 …………………………………………………………… 175
　本章小结 ……………………………………………………………………… 176
　思考题 ………………………………………………………………………… 176

第 8 章　城市设计控制技术 ……………………………………………………… 177
　8.1　在城市设计中介入的工具 ……………………………………………… 177
　8.2　城市设计指导条例 ……………………………………………………… 177
　　　8.2.1　涉及环境因素的指导准则 ……………………………………… 177
　　　8.2.2　建筑与城市整合设计有关指导条例 …………………………… 185
　　　8.2.3　公共空间设计控制指导条例 …………………………………… 187
　　　8.2.4　局部改善及适宜性的指导条例 ………………………………… 187
　　　8.2.5　景观控制 ………………………………………………………… 188
　　　8.2.6　城市色彩控制 …………………………………………………… 188
　8.3　城市设计中的区划类型 ………………………………………………… 190
　　　8.3.1　限制性区划 ……………………………………………………… 190
　　　8.3.2　权宜处置区划 …………………………………………………… 191
　　　8.3.3　鼓励区划 ………………………………………………………… 191
　8.4　经济政策 ………………………………………………………………… 191
　　　8.4.1　征税的措施 ……………………………………………………… 192
　　　8.4.2　其他投资手段和方法 …………………………………………… 192
　本章小结 ……………………………………………………………………… 193
　思考题 ………………………………………………………………………… 193

参考文献 ………………………………………………………………………… 194

图索引 …………………………………………………………………………… 197

附录　本书彩色图例 …………………………………………………………… 203

第1章　城市设计概论

1.1　城市设计的定义与目标

1.1.1　城市设计的定义

城市是指以非农业活动和非农业人口为主，具有一定规模的建筑、交通、绿化及公共设施用地的聚落。城市起源于商业与手工业从农业中的分离，而机器大工业取代工场手工业和由此带来的工业化则推动了现代城市的发展。作为人类创造出的最复杂、最伟大的艺术品，城市是人类文明的结晶与集中体现，同时也是文明的策源地。人类历史的重大事件大多发生在城市。随着全球经济发展与城市化进程的快速推进，城市已成为人类主要的聚居生活地，而人类对城市空间环境与各项功能的要求亦日益提高。

整个城市涉及的领域是很宽广的，城市环境涵盖了比较大的范围。所以，城市设计研究的领域比较复杂，它的定义也比较宽泛而不确定。每个研究与定义都涉及了城市不同的层次，这也有助于我们很好地理解不同尺度的城市设计实践。对于城市设计的概念和含义，国内外学者有不同的论述。简而言之，一般是从技术和社会政治管理这两个层面来表述的。

● 从技术层面的描述，如：

城市设计是对城市环境形态所作的各种合理安排和艺术处理。通常有三种不同的工作对象：工程项目设计、系统设计、城市或区域的设计。

——《大不列颠百科全书》

城市设计主要考虑建筑周围或建筑之间的空间，包括相应的要素或地形所形成的三维空间的规划布局和设计。

——E. D. 培根《城市设计》

城市设计专门研究城市环境的可能形式。

——Kelvin Lynch

城市设计是侧重环境分析、设计和管理的城市规划学分支，并且注重建筑物的自身特点，它在使用者如何感知、评价和使用场所等方面，满足各使用者阶层的不同要求。

——M. 索斯沃斯《当代城市设计的理论和实践》

1

城市设计是对城市形体环境所进行的设计，城市设计的任务是为人们各种活动创造出具有一定空间形式的物质环境。内容包括各种建筑、市政公用设施、园林绿化等方面，必须综合体现社会、经济、城市功能、审美等各方面的要求。

——陈占祥《中国大百科全书·建筑、园林、城市规划卷》

对城市体型和空间环境所作的整体构思和安排，贯穿于城市规划的全过程。

——《城市规划基本术语标准》(GB/T 50280—1998)

城市设计是营造美好人居环境和宜人空间场所的重要理念与方法，通过对人居环境多层级空间特征的系统辨识，多尺度要素内容的统筹协调，以及对自然、文化保护与发展的整体认识，运用设计思维，借助形态组织和环境营造方法，依托规划传导和政策推动，实现国土空间整体布局的结构优化、生态系统的健康持续、历史文脉的传承发展、功能组织的活力有序、风貌特色的引导控制、公共空间的系统建设，达成美好人居环境和宜人空间场所的积极塑造。

——《国土空间规划城市设计指南》(TD/T 1065—2021)

- 从社会政治管理层面的描述，如：

城市设计本身不只是形体空间设计，而且是一个城市塑造的过程，是一连串每天都在进行的决策制定过程的产物；是作为公共政策的连续决策过程。

——J. Barnett

城市设计是一种有计划的演进过程，使用物质规划和设计技巧，结合对社会经济要素的研究，以一种进化的方式来达到城市形式的必要变化。

——M. Parfect & P. Gordon

总之，城市设计是指在城市发展计划中物质空间层面上的介入(干预)过程。它应该涉及建筑、城市构筑物(工厂、道路桥梁、水塔、电视塔等)、建筑与建筑之间的空间，及存在于城市空间中的其他各种物质要素，大至城市格局、整体形态、组织肌理、自然环境、土地利用，小至公共空间(街道、广场、公共绿地、步行街)、街区、建筑、城市街道设施及城市家具等。城市设计并不是考虑单个的物质要素或物体形体及使用，而是着重考虑一个物体(物质要素)与其他物体(物质要素)的关系、它们共同形成的空间形态以及它们供人们使用的状况。

1.1.2 城市设计的目标与评价

一般而言，城市设计的目标是从人们的日常行为和需要出发，改善城市空间环境，形成对人类活动更有意义的人为环境和自然环境，以改善人的空间环境质量，从而提高人的生活质量。而对于某项具体工程，则可分为功能目标(土地利用、交通组织、公共空间设置等)、应对城市发展需要(促进第三产业发展、为未来创造条件等)、业主特定要求、美学目标等,而这些目标之间往往有矛盾和冲突之处,这就需要设计者在综合各方面要求的基础上做好协调工作,建立多层次的目标评价体系,以确定目标的重要性层次与满足顺序,从而使设计兼具创造性与可行性。

目前尚无统一的城市设计评价标准与指标体系,主要分为定量指标和定性指标。其中,定量指标一般包括城市开发强度及空间控制指标等。

1.2　城市设计的尺度及范围

从以上城市设计定义及目标的讨论来看,城市设计的尺度及范围是很宽广的。城市环境可以大到城市区域,小到街道和广场,甚至是街道设施之间或是公园内桌椅及小品设施周围的环境。为了便于讨论,我们下面从宏观、中观及微观三个空间层次来讨论城市设计问题。

1.2.1　宏观空间城市设计

宏观空间层次主要指城市区域层次的空间。宏观空间城市设计属于总体阶段的城市设计,它将城市整体作为其研究对象,着重研究城市空间形态与格局,建立城市与其所处自然环境相协调的景观体系,构建城市公共空间系统,考虑城市风貌及其构成要素的组织,从而优化城市形态与格局,突出城市特色,协调城市与自然的关系。

1. 城市区域的水体、山系与城市设计

城市区域的水体、山系影响了城市区域空间的形态及其特征,它们与城市空间形态相辅相成的关系使之成为城市设计的重点对象。

例如,武汉市水系包括了长江、汉水及湖泊,这些水体构成了城市空间形态的重要特征。由于长江、汉水的阻隔,武汉城市形成了武昌、汉口、汉阳三镇的空间形态格局,长江、汉水两岸构成了武汉市最重要的城市轮廓景观,湖泊在城市内形成了不同区域的标志空间。这些水域空间不仅决定与影响城市空间形态及景观特征,同样也为改善城市空间生态环境发挥了重要作用。

2. 城市区域内的道路网络(高速公路网)及城市道路交通网络与城市设计

城市区域内的道路网络(高速公路网)及城市道路交通网络是人们认识城市最重要的、连续的窗口,通过这样一个流线,人们往往能够去体会或把握城市形态轮廓及城市总体的形象特征。因此,城市设计中应该研究城市区域内的道路网络(高速公路网)及城市道路交通网络形态特征、景观形象以及对它们的设计和把握。

3. 城市边界、城市轮廓线与城市设计

城市天际线是城市重要的空间轮廓,它往往是我们进入城市时最先能够看到与感受到的城市空间整体形象。城市天际线的构成通常由城市建筑群的轮廓线形成,也有的是由城市自然环境构成,如山体轮廓等。当然,建筑与自然环境共同构成城市天际线,能够形成富于变化的、优美的城市天际线,使城市空间轮廓景观更具特色。

1.2.2 中观空间城市设计

1. 城市中观空间概念

城市内的街区、街道及广场等是城市中观空间。城市街区包括居住街区、城市商业中心、城市行政中心、城市工业区及城市公园等，街道是联系各街区的线性空间，而广场是联系不同建筑及场所空间的节点或转换空间。由于各类空间的功能不同，其空间组织方式也不同，形成了不同形态的空间；同类街区其自然环境、城市人文环境的不同也带来了不同的空间特征。目前，现代主义功能分区概念的实践及实施给城市带来了许多问题，例如职住不平衡造成城市单向交通压力，空间功能单一化使城市生活活力下降，城市生活单一及不便利。因此，城市混合功能街区概念被提出并被重视，进而得到广泛推广。城市混合功能街区就是居住、商业及其他功能的混合街区。这类街区由于其功能混合，给城市市民生活及工作带来了方便。

2. 中观空间的设计城市

城市中观空间的设计是形成独特城市空间形态及风貌设计的重要环节。同样，对于形成适于城市居民日常生产、生活及娱乐的场所空间，中观空间的设计起了重要的作用。

中观空间城市设计对应于城市详细规划阶段，它的任务是在城市总体规划和宏观空间城市设计的指导下，建立局部地段的城市意象和城市空间结构，以城市局部地区或地段（如城市中心区、历史区、重要地段）乃至特殊地块（地标性地块）为设计对象，对公共空间、建筑形态、景观、局部交通、步行系统、环境设施等要素以及它们之间的组成关系进行深入研究，对各个要素提出具体的控制要求和指导规则体系。

由于城市每个部分的功能不同，其空间组织方式也不同；同类功能区其自然环境、城市人文环境的不同也形成了不同特征的空间形式。相对于宏观空间城市设计，中观空间城市设计更注重对城市形态环境的具体指导和控制作用，同时保证与总体城市设计的各项要素紧密联系。例如，某绿地在宏观空间城市设计中仅被规划为绿化用地或节点，而在中观空间城市设计中，这片绿地则被充分定位和详细设计，在空间的创造上被赋予了极其丰富的内涵，强调其结构性和功能性作用。

1.2.3 微观空间城市设计

微观空间涉及的范围有建筑本身（建筑立面比例尺度、建筑形式及空间形态、建筑色彩、建筑光影效果）、建筑与自然环境（地形、地貌、自然植物、气候等其他自然要素）、建筑与建筑之间的空间（建筑与建筑的联系、建筑之间的空间形态与空间尺度）、街道设施（街道家具、道路、桥梁、其他构筑物），等等。

微观空间城市设计的任务是追求功能主题和视觉舒适性的完美统一，使建筑物与外环境和谐融洽，将美学价值和具体的使用功能及自然环境密切结合起来，使它们成为综合协调的整体。因此，它们常常与人的触觉、视觉及人的尺度关系最紧密，并被作为设计的重要依据。

1. 建筑与城市空间

建筑是形成城市空间的最重要的要素，建筑围合关系形成了封闭、半封闭的城市空间。建筑组合形式形成或影响了城市空间形态，建筑的尺度决定或影响了城市微观空间的尺度，建筑立面比例、建筑形式、建筑色彩、建筑光影变化等都影响城市微观空间的表现特征及空间效果。

2. 建筑与自然环境

建筑与自然环境的关系紧密，建筑朝向、建筑布局、建筑组合、建筑形体等都要受到自然环境条件如城市气候条件及地形地貌条件的制约和影响，这些又进而对城市微观空间的形成及空间形态起到了决定性作用，是决定或影响城市微观空间特征的重要因素。

3. 街道设施

街道设施包括街道家具、道路、桥梁及其他构筑物等，它们存在于城市空间内，对城市空间的构成及城市空间产生巨大的影响。它们不仅具有城市功能作用，还能够带来或改变城市空间特征，赋予城市空间特色，在城市空间景观上起着一定的作用。同样，我们在设计中还可以将它们作为形成空间的要素，在分割空间或联系不同的场所空间等方面发挥作用。

1.3　城市设计的发展历程

城市设计的历史几乎与城市的历史一样长，其理念与方法伴随着城市的发展和演变而逐步丰富。在人类的历史长河中，许多中外名城给我们留下了丰富而伟大的城市设计遗产。

公元前 4 世纪末古希腊雅典卫城位于雅典城内一个小山上，"除了个别建筑物，原始的山岩仿佛不曾被任何东西覆盖过"[①]，基石与雅典卫城成为一个整体。其建设依山就势，建筑布局灵活而巧妙，"除个别建筑外，没有总的建筑中轴线，没有连续感，没有视觉的渐进，也不追求对称形式"。

依据举行纪念活动时人们的行进路线与视角，将主要建筑物安排在空间的控制位置上。上山的路被各种神圣围合空间、祭坛、雕像所中断，形成不规则步移景异的视觉效果，丰富了空间层次。人们无论从城内仰视卫城，还是从卫城俯视城市，均能获得极好的景观。如图 1-1 所示。

古希腊也存在另外一类形态的城市类型，那就是棋盘格子式的布局形态，宽度一致的街道、尺度基本一致的城区街坊、一般靠近港口布置规则的广场。这种规则的形式、整齐一致的标准尺度成为一种城市模式影响了以后许多时期的城市，特别是军事城堡及殖民城市。例如米列都城就是一个典型。如图 1-2 所示。

从古希腊这两个典型例子，我们可以看到不同城市由于其主导功能的差异导致它们的选址及空间形态有明显的差别。一种是以祭祀活动为主的空间，以满足礼仪活动需求。另一种是以军事、商业贸易活动为需求的规则而行之有效的空间形态。

罗马帝国时期，古罗马帝国的庞大财富、辉煌的战争成果、奢侈及丰富的社会活动和生活形成古罗马城市文化特征。与之相对应的带有拱廊的街道、广场、剧场、角斗场、庙宇、会议厅、宫殿、浴室、凯旋门构成了它的城市。虽然罗马人继承了希腊化时期的剧场、广场及街道形式，但是他们根据自己的爱好及要求使他们的城市建筑及城市显示出更加雄伟及华丽的特征。

---

① [美]刘易斯·芒福德. 城市发展史：起源、演变和前景[M]. 宋俊岭，倪文彦，译. 北京：中国建筑工业出版社，2005：172.

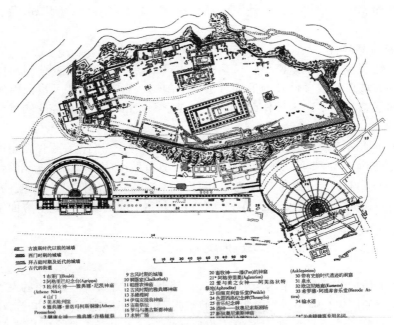

1 布莱门(Boulé)
2 阿格里巴纪念台(Agrippa)
3 胜利女神——雅典娜·尼凯神庙
(Athene Nike)
4 山门
5 美术陈列馆
6 雅典娜·普洛玛柯斯铜像(Athene
Promachos)
7 健康女神——雅典娜·许格娅娜

9 古风时期的城墙
10 铜器室(Chalkothek)
11 帕提农神庙
12 古风时期的雅典娜神庙
13 手植橄榄树
14 伊瑞克提翁神庙
15 宙斯祭坛
16 罗马与奥古斯都神庙
17 水钟广场

20 畜牧神——潘(Pan)的神窟
21 阿格劳里奥(Aglaurion)
22 爱与美之女神——阿芙洛狄特
圣地(Aphrodite)
23 伯里克利音乐堂(Perikle)
24 色雷西洛纪念碑(Thrasyllo)
25 音乐纪念碑
26 酒神——狄奥尼索斯剧场
27 新比奥尼索斯神庙

(Asklepieion)
30 带有史前时代遗迹的洞窟
31 泉水
32 欧迈尼敞廊(Eumene)
33 希罗德·阿提库斯音乐堂(Herode At-
tieu)
34 输水道

"*"为希腊雕像专用名词。

图 1-1 雅典卫城平面图

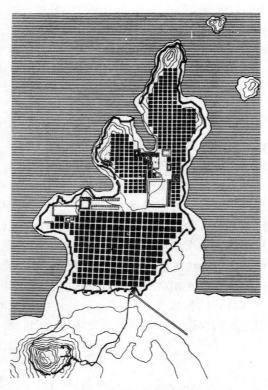

图 1-2 米列都城平面图

6

　　进入中世纪后，欧洲城市发展较为缓慢，布局自由，许多城市结合所处自然环境，形成了各自的特色。如意大利的威尼斯、佛罗伦萨、热那亚、锡耶纳等。它们共同的特征主要在于：一是围绕教堂和主教府邸或以市政府及市场为中心发展；二是环绕城市中心发展形成不规则的街道系统；三是教堂的钟塔及教堂塔楼、市政厅的塔楼成为城市的制高点，构成了城市轮廓景观特征；四是由于频繁的宗教战争防御及宗教领地的需要，城墙成为中世纪城市的重要边界及象征。法国巴黎圣-丹尼斯（Saint-Denis）（如图 1-3 所示）就是一个很好的例子。

图 1-3　法国巴黎圣-丹尼斯

　　文艺复兴后期巴洛克的城市设计方法对后来的许多城市产生了深刻的影响。其特点是各类开敞的广场、星形广场加放射式道路。这种规划理念最初来源于军事需要，以后更多的是可以表达权力、炫耀及奢华。我们可以从意大利罗马、法国巴黎的凡尔赛宫及以后的美国华盛顿感受到巴洛克式的城市空间。如图 1-4 所示。

　　中国的城市设计则独树一帜，自成体系。一方面，其城市设计思想是封建礼制、风水学说与营造法式三者的统一。明清时期的北京堪称"都市计划的杰作"（梁思成），其最突出的成就体现在以宫城（即今故宫）为中心的向心式布局和贯穿全城的城市中轴线。这条中轴线南起永定门，北至钟鼓楼，长达 7.8 公里。自南往北，中轴线表现为街道、不同尺度的广场、宫院、皇家花园（御花园）等各种空间形式，城门、牌坊、鼓楼、钟楼、宫殿等建筑物有序地安排在中轴线上，礼制建筑（天坛、先农坛）分列中轴线两侧。整个中轴线气势宏大，空间变化丰富，在世界城市建设史上独一无二，体现了我国古代高超的城市设计水平。另一方面，大量的中国中小城市则依山就势，结合其所处的地理环境，创造出富有地域特色的城镇风貌。如明清以来，江南水乡地区兴起许多城镇，其中道路及建筑因水和地势而筑，布局自由灵活；建筑造型精巧简洁，色彩淡雅明快；水巷和街巷是江南水乡城镇整个空间系统的骨架，因水成镇，水街相依，水巷既是交通要道，也是生活交流的主要空间，创造了独特的以水为中心的生活居住环境。

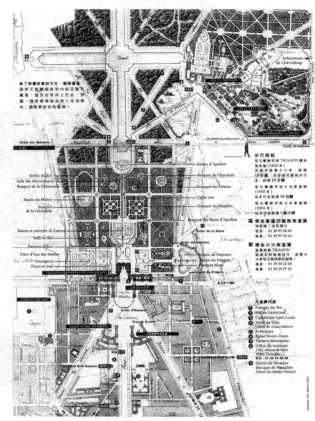

图 1-4　巴黎凡尔赛宫平面图

现代建筑及现代交通方式的迅速发展导致了与传统城市完全不同的城市空间形态的产生。20 世纪 30 年代，勒·柯布西耶"阳光城"的构想带来了全新的城市空间形态，并在世界范围内影响了现代城市建设的实践，这就是架空建筑，建筑向高空发展，释放地面空间用于公园及开放空间，立体的交通系统缓解交通堵塞及满足快速的汽车交通需要，传统的街道空间在这里被消解。1933 年，雅典宪章进一步发展了勒·柯布西耶理念，同时也吸收了邻里单元的观念，它引导了以后的居住区空间形态的发展，直到今天，邻里社区单元理念仍然影响居住区的规划设计。

20 世纪 70 年代以来，人们越来越重视城市历史地段及历史街区的保护问题，并逐渐认识到保护与利用关系的重要性以及利用对保护的促进作用。今天，北美和大多数欧洲国家从建筑单体控制性保护策略发展为注重历史街区功能的振兴与发展。城市历史街区保护与利用逐渐成为城市设计的重要工作之一，其中重要的工作内容就是修复街道，整治广场空间秩序。在这一过程中，后现代主义提出了在一个有历史的城市中如何介入新建筑、新建筑介入的方式、介入的尺度等问题；后现代主义的回答是城市历史文脉的连续及演变，强调各个时代之间的连续性，注重城市和场所的历史延续性。20 世纪 80 年代，新理性主义的思想认为"回归传统，对过去城市体系与模式加以重新利用，对传统城市体系重新理解，提出新的城市模式，或采取更为令人信服的措施，对旧城进行干预"①。

1.4　城市设计与相关专业的关系

城市设计与城市规划、国土空间规划、建筑设计等既有着不可分割的关系，同时又有着各自的独立性。城市设计与城市规划、国土空间规划具有相辅相成的关系，城市设计对建筑设计具有指导价值。

1.4.1　城市设计与城市规划的关系

城市规划是指在全面分析城市的自然环境、人文社会环境、经济发展状况等的基础上对城市的各项建设发展进行全面部署和具体安排的综合性规划。城市规划旨在科学合理地、有效地和公正地创造出良好的生活与生产环境，以满足城市社会和经济发展、生态保护的需要。城市规划是一定时期内城市建设发展的蓝图，是城市建设与管理的基本依据。

关于城市规划的工作内容与编制程序，世界各国由于其社会经济体制、经济发展水平、城市建设与管理水平等方面的不同而有所侧重和差异，但基本上是按照从宏观、中观到微观的层次决策原则来进行的。从各国的具体实践来看，城市规划一般可分为两个层面的规划：城市发展战略规划、建设控制引导规划。我国 2019 年以前编制的城市总体规划以及土地利用总体规划、2019 年以后编制的市级国土空间总体规划等都属于城市发展战略层面的规划，而 2019 年以前编制的详细规划（可以分为控制性详细规划和修建性详细规划两种类型）、2019 年以后编制的国土空间详细规划等则都属于建设控制引导层面的规划。

从古代至"二战"前，城市设计和城市规划实际上融为一体，没有区别。"二战"后，城市设计逐步脱离城市规划和建筑学而成为独立学科。一般把 1960 年哈佛大学开设城市设计学位课程作为现代城市设计诞生的标志。

城市规划与城市设计所关注的对象均是城市，故两者之间关系非常密切。一方面，城市设计是城市规划的延伸、深化和补充，它是城市规划和具体建筑设计之间的"桥梁"，是规划转向建筑设计的必要中介过程，起着将两者连接和协调的作用。另一方面，城市设计的观念和思想贯穿于城市规划全过程。目前，城市建设控制引导层面的规划日益与城市设计相结合，以便更好地引导城市建设和发展，使其为人们创造舒适、优美、具有地域及文化特色的城市空间环境。总体来说，城市设计是与建筑和城市规划紧密联系的学科，它可以表现为建筑立面、街道广场的设计，也可以是街区、整个城镇或城镇区域等的规划设计。城市设计工作还涉及了城市区域构成的问题。

---

① ［英］史蒂文·蒂耶斯尔，蒂姆·希思，［土］塔内尔·厄奇. 城市历史街区的复兴［M］. 张玫英，等，译. 北京：中国建筑工业出版社，2006.

城市设计与城市规划的区别主要表现为以下几点：

城市规划主要是作为政府公共政策的一部分，以相关法律、法规、规范为支撑，更多体现的是政府宏观决策及社会、经济发展目标取向，更强调的是政策性、法规性和社会性。城市规划更多地以物质环境和空间资源的安排和配置为核心，主要作为城市管理的依据。它较少涉及与人的感性和活动相关的环境场所问题。城市规划注重社会经济技术因素，其主要运作媒介是技术指标和工程问题，理性逻辑是其主要属性。战后西方国家尤其是北美国家，城市规划的重点已从原来的土地利用及空间资源、公共与市政基础设施的具体安排配置转向公共政策、社会经济协调等根本性问题，其政策性体现得更加明显。

而城市设计则以城市空间环境及其构成要素作为基本研究对象，以具体鲜活的人为根本出发点，满足人的需求，以人的心理生理行为为依据，从城市居民的日常实际需要与感受出发，关注城市空间环境的感性认识(尺度感、场所感、归属感、历史文脉)及其对人们行为、心理的影响，更多研究城市物质形态环境文化、审美、实用等方面的需要与对策。城市设计侧重城市中各种关系的组织，如建筑、交通、开放空间、绿化体系、文物保护等城市各子系统交叉综合和联结渗透，强调在三维的城市空间坐标中化解各种矛盾，并建立新的立体空间形态系统。城市设计具有艺术创作的属性，以视觉秩序为媒介，容纳历史积淀，体现地区文化，表现时代精神，并结合人的感知经验建立起具有整体结构性特征、易于识别的城市意象和氛围。现代城市设计具有鲜明的创作性特征，可以说，城市规划更理性一些，而城市设计则更感性一些。

1.4.2 城市设计与国土空间规划的关系

2019年中共中央、国务院正式印发了18号文件《关于建立国土空间规划体系并监督实施的若干意见》(以下简称"《意见》")。《意见》明确提出，建立国土空间规划体系并监督实施，将主体功能区规划、土地利用规划、城乡规划等空间规划融合为统一的国土空间规划，实现"多规合一"。为贯彻落实《意见》，自然资源部随后印发了《自然资源部关于全面开展国土空间规划工作的通知》。为指导和规范国土空间规划编制工作，自然资源部相继制定并印发了一系列国土空间规划编制规程、相关技术标准，如《省级国土空间规划编制指南(试行)》《市级国土空间总体规划编制指南(试行)》《国土空间规划城市体检评估规程》，等等。

国土空间规划是对一定区域国土空间开发保护在空间和时间上作出的安排，是国家空间发展的指南、可持续发展的空间蓝图，是各类开发保护建设活动的基本依据。国土空间规划的类型包括总体规划、详细规划和相关专项规划。国土空间总体规划是详细规划的依据、相关专项规划的基础；相关专项规划要相互协同，并与详细规划做好衔接。

《意见》明确提出"充分发挥城市设计、大数据等手段改进国土空间规划方法，提高规划编制水平"，明确了城市设计在提高国土空间规划编制水平、提升国土空间质量中的重要作用。为贯彻落实《意见》，指导和规范国土空间规划编制和管理中城市设计方法的运用，2021年自然资源部正式发布了《国土空间规划城市设计指南》(以下简称"《指南》")行业标准。

《指南》厘清了城市设计与新时期法定化的国土空间规划体系的关系，明确指出"城市设计是国土空间规划体系的重要组成部分，是国土空间高质量发展的重要支撑，贯穿于国土空间规划建设管理的全过程。"《指南》明确了城市设计在国土空间规划中运用的类型、原则、要求、任务、内容、成果等。

1.4.3　城市设计与建筑设计的关系

一般来说，建筑设计是对建筑物外观（形式、体量、风格、色彩）及其内部功能布局的具体设计，建筑师从业主的要求及场地条件出发，在满足建筑物功能需要的基础上，主要反映业主的价值喜好和建筑师个人的风格取向。建筑师在设计过程中大多会注意让其设计与周围环境相协调，但由于受到业主与建筑功能要求的制约，往往导致建筑物及场地的设计同周围环境乃至整个城市整体风貌、肌理不相符合。而城市设计则可以通过对城市局部地段的空间环境安排或设计策略与规则导引，对各种矛盾加以协调与控制，使建筑设计更加符合城市整体发展和空间环境优化的需要。

意大利阿尔多·罗西在其著作《城市建筑学》中说，"我所说的建筑，不仅是指城市视觉形象与城市不同建筑的总和，还包括城市的历时建设。从客观上讲，这种观点是分析城市的最全面的方法。"[①]

由此我们可以看到城市空间、建筑及城市历史的不可分割的关系。阿尔多·罗西还认为，"从宫殿的类型形式中可以看到整个城市。因此，单体建筑的设计可以通过与城市的类比来进行"。[②]

这种类比设计更显著地表明，城市的设计潜藏在单体建筑物之中。这表达了城市设计与建筑设计的关系。

本 章 小 结

城市设计以城市空间环境及其构成要素作为基本研究对象。城市设计学科应该研究城市物质形态环境文化、审美、使用等方面的需要与对策。城市设计侧重城市空间物质要素关系的组织。

城市设计的尺度及范围宽广，它包括宏观、中观及微观三个层面，每个层面所面临的空间对象及空间尺度有很大的差别，其工作内容及工作方法也有差别。

思 考 题

1. 城市设计的含义是什么？
2. 举例说明宏观、中观及微观层面城市设计的内容和方法。
3. 城市设计理念与方法的演变对城市发展产生了怎样的影响？
4. 如何理解城市设计与城市规划、国土空间规划、建筑设计的联系与差异？

---

① ［意］阿尔多·罗西. 城市建筑学［M］. 黄士钧，译. 刘先觉，校. 北京：中国建筑工业出版社，2006：23.

② ［意］阿尔多·罗西. 城市建筑学［M］. 黄士钧，译. 刘先觉，校. 北京：中国建筑工业出版社，2006：11.

第2章　城市空间及相关概念

本章内容涉及空间、城市空间及相关概念。

在西方国家，空间概念在历史中不断有新的发现及认识。而中国的空间观念与西方有差异，它们更具有本质性和实用性。同时，还因学科的不同，研究的出发点不同，对城市空间概念的界定也存在差异。城市设计学科中城市空间主要从物质构成及使用者感受等层面上去考虑认识城市空间。

与空间相关的概念有尺度、比例模数、视知觉及视觉要素，这些概念帮助我们去了解和认识城市空间。而空间形态要素组织规律则帮助我们正确理解城市空间的构成及形成，便于我们把握城市空间形态的组织规律。

2.1　城市空间概念

空间是一个较为广泛的概念。随着人类历史的发展，西方关于空间的认识从有限空间发展到了无限空间，更为重要的是人们还加入了时间的要素，这就是"四度空间"或"四维空间"的概念，这个概念能够表达建筑与城市空间向度特征，有助于我们认识建筑与城市空间。中国人关于空间的概念更适合于我们理解人类所生活及使用的空间，对认识城市空间是非常有益的。城市空间的概念应该是一个具体的、能够把握的，人们在此生活、活动的场所。研究它的意义在于帮助我们正确认识和理解空间，从而创造出更加理想的城市生活空间。

2.1.1　西方的空间概念

古希腊柏拉图把几何学作为空间的科学，亚里士多德把它发展为场所理论。17世纪由于垂直坐标系统的出现，产生了欧几里得几何空间理论，它对实质空间有一个确定的概念。19世纪后，非欧几里得几何学与相对论又有了与欧几里得几何空间概念完全不同的观点，他们认为任何几何都是人为的而不是从自然中所发现的，空间是宇宙物质运动所形成的，它是与时间有关联的，要用新方法来观看空间，那就是"四维空间"。站在一个地方来观看一个四维空间是困难的，只有在行进中观看才能够去感知它，这就是一种包含时间观念的空间观念。20世纪以后心理学也对空间问题进行了研究，这就是关于人的视知觉空间问题，例如，格式塔心理学也就是完形心理学认为任何"形"都是知觉进行了积极组织或建构的结果。

2.1.2　中国的空间概念

老子在《道德经》中对空间有著名的论述："埏埴以为器，当其无有器之用。凿户牖以为室，当其无有室之用。故有之以为利，无之以为用。"很明确，用土做的器具中空的部分是我们要用的，做房子时，房间中空的部分也才是我们要使用的室。在这里表述了实体形成的中空部分为人们所使用，这就是空间的本质所在。

2.1.3　城市空间的概念

作为城市系统的载体，城市空间具有明显的多重属性，如社会、心理、经济、文化、政治等。城市地理学、城市社会学以及建筑学、城市规划等不同的学科从各自不同的研究角度出发，对城市空间的概念界定也是多种多样的。城市规划与设计主要从物质构成与使用者感受等层面去理解。就物质层面而言，城市空间是由各类建(构)筑物所围合(界定)而成的外部空间，它与建(构)筑物实体界定及组合方式具有密切的关系。物质实体的界定是产生有用的外部空间的前提。因此，城市空间是由物质实体在城市地域(基底)上界定的外部空间。物质实体包含城市地域范围内建(构)筑物等一切物质要素。

同时，客观存在的物质空间，其真实价值在于人们的感知、欣赏和使用。超出人们感知范围以外的空间则无实际意义。实体界定空间的形式就是人们以视觉为主要认知的知觉空间形式。因此，城市空间是由人们感觉、认知到的一种知觉空间。人具有社会性，人们使用城市空间的活动是社会活动，故城市空间是人们社会活动的载体，同时也是社会活动的结果。据此，城市空间结构在一定程度上反映着社会关系的特征。

综上所述，城市设计研究的城市空间是具有社会特性的、为人们所知觉到的物质空间，它是由物质实体在城市地域(基底)上界定的外部空间。

2.2　尺度与比例

尺度与比例是形式学中的重要概念。这些概念是分析、认识城市空间形态的基础，也是人们评判城市空间好坏的基础。

2.2.1　人的尺度与感知尺度

尺度是便于人们进行各种测量的标准，人感知空间的尺度通常以视觉感知获得，并且以人本身的尺度去衡量与判断。一个物体尺度同人的活动发生和谐的联系，我们称之为人的尺度。在城市设计中常常利用人的尺度，使城市各物质要素取得相互联系并与人发生关系，使人能够把握空间、认知空间。

同样大小的空间，四周由 1.2 米高的墙限定的空间比由 1.8 米高的墙限定的空间要开敞；同样距离的空间，开车比步行感觉要短得多，一个小孩与一个大人对于相同大小的空间他们的感受是绝对不一样的，这些就是人的感觉尺度的差异。

城市空间中尺度应该被分为层次，不同的街区及其空间，尺度是不同的。例如，工业区由于自身功能及其建筑、工业设施的需要，其尺度是巨大的；而居住街区的空间就应该满足人的生活及心理需要，运用人的尺度来设计空间。大学、中学、小学及幼儿园之间的尺度也存在很大的差别，应该根据不同年龄段学生的尺度来设计各自的空间；城市大小不同，人口多少存在很大的差别，其城市尺度也不一样。

超人尺度是指超过人的把握能力、不以人的尺度为参照物的尺度。这种尺度常常为宗教建筑、纪念性建筑、城市纪念性空间所采用，它能够使人们感受到雄伟、威严、肃穆、压迫、控制等。

2.2.2 比例与模数

人类自古以来就尝试着寻求一种类似音乐音阶的建筑数学比例关系。人们从正方形几何开始研究，最后从一系列长方形中发现了"比例"，这就是一系列长方形对角线的数字，数字开平方：$\sqrt{1}$，$\sqrt{2}$，$\sqrt{3}$，$\sqrt{4}$，$\sqrt{5}$，人们认为由这些尺寸构成的长方形是和谐的。

在这里还要提到一种特殊的比例关系，这就是"黄金分割"，它是指当线段由 a、b 两段组成，第一线段 a 与第二线段 b 之比等于 b 线段与 a 及 b 之和的比，也就是 a：b = b：(a+b)，它同样是一种几何比例关系。它的确定的黄金数字是 $(1+\sqrt{5})/2 = 1.618$。人们从（1，2，3，5，8，13，21，34）这样一系列数字中也找到了黄金比例关系，在这里每个新数字是由前两个数字之和形成，数字越大前后数字的比越接近黄金比例，也就是说 13：21 就比 8：13 更接近黄金分割比例关系。这些比例关系数字通常被用在建筑、街道及广场设计中。例如某些建筑的门的长宽之比、欧洲著名的广场的长宽之比及经典建筑中各个部分的相互尺度关系，这些都能够使人们发现特别的数字比例关系。

将文艺复兴时期的建筑师帕拉第奥的一所别墅（1560 年）与现代建筑先驱 L·柯布西埃（L. Corbusier）的 de Monizie 住宅在平面、立面进行比较，它们的比例关系惊人地相同，在宽度上的比例都是 2、1、2、1、2。尽管 L. Corbusier 使用了这一比例体系，但是他把建筑的支撑构件隐藏了，人们感觉不到柱子的存在，使这个比例成为一个潜在的体系。[①] 如图 2-1(a)所示。

作为变化依据的一个基本尺寸数值被称为模数。模数是我们在设计中用得比较多的方法，过去由于建筑采用砖（120mm），因此所有建筑构件最小模数为 120mm，尺寸常为240mm、600mm、900mm、1200mm、2700mm、3300mm、6000mm。中国古代建筑以斗拱为结构的关键，并以此为度量单位；罗马建筑中柱式是关键，则以柱下径为度量单位，它们的柱高与柱径都有一定的比例关系，塔士干柱式柱下径与柱高的比例关系为 1：7，陶立克为 1：8，而爱奥尼为 1：9；巴洛克时期建筑采用巨型尺度，建筑外部柱子被用到室内，成为室内尺寸模数；医院建筑内的空间尺寸以床为基本的尺寸依据；日本常常以一张草席垫子的尺寸为模数，比如八十张席房间(7.2m×18m)或一百张席房间(9m×18m)是日本宴会大厅的通俗称呼，四张半席的空间是一个私密的两人空间，这张席的尺寸(长约2m、宽约1m)就是日本人经常采用的模数。如图 2-1(b)所示。

日本建筑师芦原义信认为，外部空间可采用一行程为 20~25m 的模数，称之为"外部

---

① ［丹麦］S. E. 拉斯姆森. 建筑体验［M］. 刘亚芬，译. 北京：知识产权出版社，2001：96.

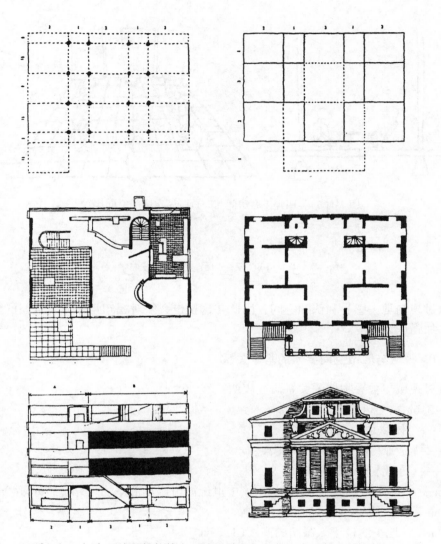

C. 罗伊对 L. 柯布西埃及帕拉第奥两幢设计很好的住宅在比例上的比较

左上：模数格网　　　　　右上：模数格网

左中：一层平面　　　　　右中：主层平面

左下：立面　　　　　　　右下：立面

图 2-1(a)　比例与模数

模数理论"。他认为，每 20～25m，或是有重复的节奏感，或是材质有变化，或是地面高差有变化，那么即使在大空间里也可以打破其单调。一般来看可以识别人脸的距离刚好就是 20～25m。

　　同样，在城市中也有模数的存在，很多城市临街土地地块有着相似的比例与尺度，临街的建筑也有着相似的体量，使城市空间产生协调的效果。

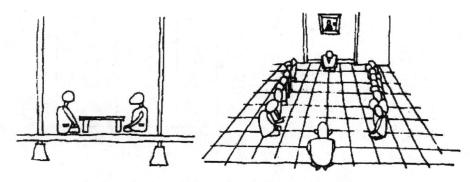

图 2-1(b) 四张半席房间与一百张席房间的空间比较

2.3 城市空间与视知觉

人通过视知觉去感受和认知空间，因此在这里也必须对视知觉在城市空间的作用进行研究，并加强认识。

2.3.1 视域与城市空间要素的基本关系

通过对视域与被看物体的关系研究表明：

2.1~3.6m——可交谈的距离；

9m——个体联系距离开始消失；

12m——看到人脸表情的最大距离；

24m——看到人脸的最大距离；

135m——鉴别人的行为的距离极限（中世纪城市广场的平均尺寸：57m×140m）；

1200m——鉴别人的轮廓的最大距离；

4500m——地平线位于人眼睛的高度(1.65m)。

如图 2-2 所示。

这些数值在一些静态视觉关系中使用，它提供认识(知觉\观察)人与人的活动的基本空间尺寸比例，常常在确定二维断面尺寸及环境空间的深度尺寸时被使用。

在设计中以这些数据为依据，形成不同类型的空间对应城市人的活动特性需要，满足人的心理需求。例如，当我们要设计一个适于两个人交流的私密空间时，我们是否可以采用4m左右距离的空间，9m距离的空间是否可以作为小群体活动空间的尺度，以小于135m的尺度为依据来设计广场，这样的广场更为人性化。这些数据是我们设计时应该考量的。

中国古代建筑群布局中，外部空间基本尺度遵循"百尺为形，千尺为势"的控制原则，这说明当人要把握建筑、看清建筑的最佳距离在百尺左右；要把握建筑整体，体现建筑雄伟壮观的气势时，最佳观赏距离尺度控制在一千尺以内。这个尺度与我们前面所列举的一

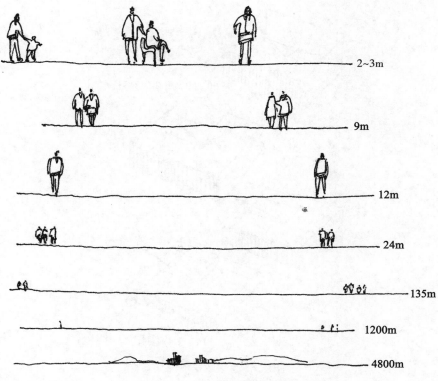

图 2-2 视域与被看物体的关系

些尺度数据有某些吻合之处。

2.3.2 人与城市空间要素的尺度关系

城市空间感取决于我们的视觉感受，它是由人的视觉与被感知的物体之间的关系所决定的。研究表明：

- 建筑(物体)立面的高度等于人与建筑物的距离时(1∶1)，水平视线与建筑檐口夹角为45°，大于向前的视野的最大角度30°，因此有很好的封闭感；
- 当建筑(物体)立面的高度等于人与建筑物的距离的1/2时(1∶2)，和人的视野角度30°一致，人的注意力开始达到涣散的界限，是创造封闭感的底线；
- 当建筑(物体)立面的高度等于人与建筑物的距离的1/3时(1∶3)，水平视线与建筑檐口夹角为18°，这时空间外面高出的建筑物就如同组成空间本身的建筑一样了；
- 当建筑(物体)立面的高度等于人与建筑物的距离的1/4时(1∶4)，水平视线与建筑檐口夹角为14°，空间的容积特性消失。如图 2-3 所示。

以上研究结果是我们进行城市空间设计的依据，通过这些数据，我们能够把握空间的封闭感、开敞感，同样我们能够通过对这些尺度的把握设计宏伟的空间或是亲切宜人的空间。

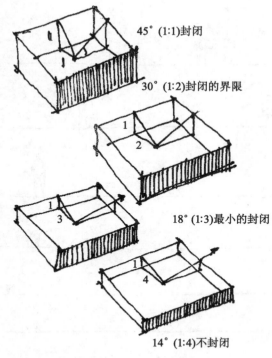

45° (1:1)封闭

30° (1:2)封闭的界限

18° (1:3)最小的封闭

14° (1:4)不封闭

图 2-3　空间与视角

2.3.3　透视与反透视原理

人类很早就意识到透视现象的存在，文艺复兴时期人们开始研究透视现象，并在理论上进行了探讨。很多建筑师认识到可以在建筑设计及建造活动中利用这一现象进行视觉修正或是夸张来获得所需要的空间效果。吉奥脱设计佛罗伦萨大钟楼时，利用反透视修正补偿人眼睛对透视的矫正能力的不足，使佛罗伦萨大钟楼看起来比本身高度更高更壮观。威尼斯广场采用梯形的形式，在靠近大教堂的一端要宽一些，站在大教堂对面广场的另一端看教堂时，广场平面呈现为长方形，大教堂被拉近，显得非常突出，事实上也是利用了反透视原理使广场透视作用下降。而从大教堂往另一端看，也由于梯形作用，使得广场纵深效果被加强。

2.4　视觉要素：形式与形态、密度、纹理、质感、色彩与空间

物质的形式、密度、纹理、质感、色彩等对空间有绝对的影响。人们通过运用形式、密度、纹理、质感、色彩的变化对空间进行划分，从而达到限定或形成空间的目的，并且通过这些要素对视知觉的作用来产生不同特性的空间。

2.4.1　形式与形态

城市物质形式及形态是空间形式与形态的基础，它甚至决定了城市空间的形态及特征。不同地区的城市物质形式及形态能够表达当地文化的特殊含义，不同空间的文化及象征意义能够通过某些形式来表达。

例如在中国，人们常常将方形与圆形同时使用，它们表达了中国人"天圆地方"及"天人合一"的哲学观念。哥特式建筑平面采用"拉丁十字"形，其形式源于耶稣基督受刑的十字架，显示出宗教象征含义。

2.4.2　纹理质感

空间物质要素的材料质感，通过粗糙、细腻、光滑以及纹理来表达。不同材质的使用能够带来不同的空间效果，它能够表达不同的空间及特色。如图 2-4（a）、图 2-4（b）所示。

（a）广场中的铺地营造向心的空间效果　　　　　　（b）人行步道铺地

图 2-4　不同材质带来的空间效果

欧洲国王及贵族的宫殿采用大理石作为建筑材料。打磨光滑的大理石、花岗石墙面及地面，细腻光亮的家具等，这一切都表现出宫殿空间奢华的特质；德国小镇中，住宅建筑墙面的木与砖的材料质感体现了城市质朴与历史的特性；现代建筑与城市，粗糙的混凝土墙面及地面，使得建筑与城市空间显得粗犷，而钢与玻璃材质的使用则使城市空间显得通透、光亮而且细腻。

用不同质地的材料铺地能够划定空间，用相同材料但不同纹理处理不同空间界面形成不同的空间及空间效果。例如，铺地纹理的方向可预示空间的方向；在广场中铺砌向心式或放射纹理形式能够加强空间的向心力；在公共空间中以纵向铺砌地面的方式铺砌道路，以垂直于道路的横向铺砌来铺筑停留空间或广场；在草地上用砖材铺地形成一个活动停留的空间；在石材铺地的广场以木质铺地形成一个休息的空间领域。

此外，根据视觉错视特性原理创作的纹理图案能够形成特殊感受的空间。例如，形成比实际空间大或小的空间、不稳定的空间、幻象的空间或是具有象征意义的空间等。

2.4.3　色彩与光影

色彩与光影是我们在形成城市空间时常常使用的要素。

利用光影的变化来形成不同的空间形态、取得不同的空间效果。铺地的不同色彩或是围合空间实体的色彩不同，同样可以形成不同类型的空间，色彩的运用可以加强空间效果或强调表现或是象征不同意义的空间。当然，和谐的空间需要一个和谐中性的环境色彩。如图 2-5(a)、图 2-5(b)所示。

　　　　(a)不同色彩的铺地　　　　　　　　　(b)空间光影的变化

图 2-5　色彩与光影

城市色彩光影变化给城市空间带来生气，城市中建筑色彩、街道设施、城市广告与招牌色彩无疑都给城市带来了丰富的景观，能够赋予城市以特色。

2.5　空间形态要素的组织规律(视觉要素的组织规律)

城市空间的质与量的特征是通过形态、光影、色彩、肌理及尺度来表现的，视觉要素的组织直接影响了城市空间的视觉感受，并带来一系列的心理影响。因此对于空间形态要素的组织是城市空间设计的基础与关键。

在形态学中，"组织"一词来源于希腊语 organon，它意味着和谐，组织空间以使我们的视觉乃至心灵感到一种愉悦。

和谐，指整体平衡的特性。能够只借助于一种主题，同样也可以在多样化的目标中取得平衡与和谐。组织中的两个要素的对比是平衡的对立关系，也是一种和谐。

和谐和对比显示了要素与要素之间或是要素整体中的关系，这种关系与它们的尺度、形态、肌理、色彩相联系。和谐的感觉与整体性相关，对比则强调了要素的简单关系。

城市空间要素的组织在一定的背景中展开，要素的组织也不仅仅遵循一般的法则及绝对和谐与对比的原则来支配，主要是由可以确定要素的地点（地理位置）、方向、数目及要素之间距离的那些规律及原则来组织空间，如对称、重复、渐进等。

2.5.1　对称与非对称

1. 对称

对称是一种简单的组织方法，能够使两个要素取得很好的平衡。人们常在轴线两侧布置位置对称、形态及尺寸一致的物体要素，这是一种镜像对称（如图 2-6(a) 所示）。第二种对称是旋转对称，所有物体要素围绕一个点布局，旋转中心起到了重要的作用，这类对称具有张力的效果，使整体布局具有活力，旋转对称的形态常常是圆形、螺旋形态等。这两类对称的不同点在于要素的形态与要素整体布局不同，而不是对称自身的不同（如图 2-6(b) 所示）。

（a）镜像对称　　　　　　　　　　　　　　　（b）旋转对称

图 2-6　对称与非对称

绝大部分的古典建筑，无论是中国还是欧洲的古典建筑都采取了对称的形态来体现一种平衡的美感，表达了庄严、肃穆的气氛。

在欧洲的历史城市中，街道两侧建筑的对称布局取得了统一和谐的视觉景观效果，意大利罗马的波波洛广场（如图 2-6(c) 所示）是一个优秀的典型示例。形态一致的双子教堂在道路两侧对称分布，教堂两侧又放射出两条道路，整个空间对称布局，使城市空间达到完美的和谐与统一，意大利罗马的卡皮托广场同样是在轴线两侧以同样形式的建筑对称布局取得平衡和谐的效果。法国凡尔赛宫对称布局在城市中轴线上以凡尔赛宫为起始点，城市道路从这里进行放射对称布局，城市呈现出整体的秩序与和谐。

中国历史上的都城或是城市的行政街区也大多采用了对称式的布局，以一种绝对平衡的感觉来体现城市的秩序。明清时期北京城的故宫的对称布局形态充分表达了中国城市的礼制思想，其实质就是秩序、等级、和谐等（如图 2-7 所示）。

图 2-6(c)　意大利罗马的波波洛广场

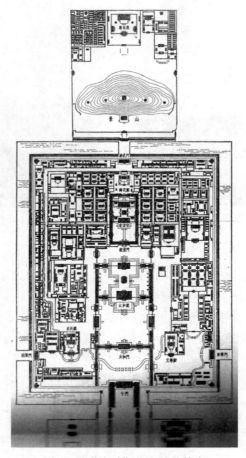

图 2-7　明清时期北京城的故宫

2. 非对称

非对称意味着在一个轴线的两边布置两种不同的要素，非对称能够取得不平衡与平衡两种截然不同的视觉效果，非对称可以构成综合平衡的形式，类似于度量器秤的平衡效果，一个靠近支点的较大重量的物体通过支点与另一端较远距离的较小重量的物体来平衡。轴线两侧的建筑也可以通过体量大小、距离轴线的远近来平衡，以非对称平衡的方式取得视觉平衡效果。这类平衡效果是在建筑变化、空间变化中取得的，能够形成丰富多彩的建筑景观及空间景观，同时也具有和谐感。西藏布达拉宫就是一个典型的非对称布局的例子，但是在我们的视觉中它仍然是平衡稳重的（如图 2-8 所示）。

图 2-8　西藏布达拉宫

在今天的建筑设计及城市空间设计中，人们越来越多地采用非对称平衡的设计手法，以取得变化中的和谐与平衡。

2.5.2　重复

重复是简单的布局要素的第二种方法，即用同一种要素沿着确定的方向进行简单的移动。

最简单的重复布局是行列，以一种节奏，进行有规律的、整齐的、排列的方式变换。同一类要素的重复或是几类要素形成一种顺序的、有可感知的节奏，这种节奏比被强调的空间间隔更可感知。

此外，强调也可以产生节奏，通过在要素整体中的空间变化或要素排列方向的改变（直线改变为曲线或折线）都能够强调一种节奏。人们还可以通过对比来强调节奏，也就是说，形态、尺寸或位置变化在排列中有规律的重复都可以产生节奏。

如同在时间中表现的，重复可以通过不同的间隔介入，产生节奏频率，空间的节奏能够像时间节奏那样被定义。快节奏是一种短时序间隔，慢节奏是空间幅度较大、相对重复距离比较远。如图 2-9（a）、图 2-9（b）所示。

重复与节奏是一种被采用的最基本、最普遍的原则，是一种以条理方式组织空间的简单方法，它们容易清晰地被人们所理解。因为在这类布局中，人们能够体会和发现视觉组织意愿。因此，从古至今，从西方到东方，人们常常采用要素重复的设计方法组织建筑及城市空间，从而使空间具有节奏及韵律感。

(a) 重复与节奏

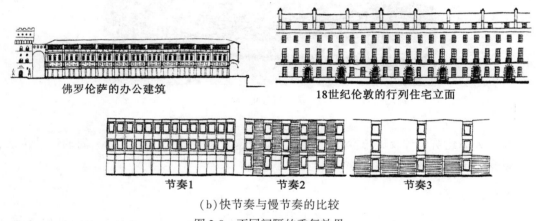

佛罗伦萨的办公建筑　　　　　　　　18世纪伦敦的行列住宅立面

节奏1　　　　　节奏2　　　　　节奏3

(b) 快节奏与慢节奏的比较

图 2-9　不同间隔的重复效果

　　古希腊、古罗马的重复的列柱产生强烈的节奏感，能够震撼每个人的心灵并冲击人们的视觉感官。中世纪的哥特式教堂，连续重复的飞扶壁及巨大的束柱同样也表现出空间连续的节奏。

　　欧洲许多城市广场四周围合的柱廊、拱廊及建筑立面整齐的窗洞都是以重复的排列形式形成稳定的节奏与节拍，正如歌德所说的那样，建筑是凝固的音乐。沿街建筑也通过各种形态要素的重复出现，使得行进的人们仿佛在伴随着"凝固音乐"的节拍漫步。

　　沿着明清时期的北京城轴线步行时，从一个院落到另一个院落人们可以体会到尺度宜人的节奏及韵律，沿着巴黎美丽的街道步行时沿街建筑重复的窗、烟囱、建筑产生了无声的节奏及韵律。荷兰阿姆斯特丹运河两岸山形墙建筑的重复产生的节奏与韵律创造了美丽的城市空间景观(如图 2-10 所示)。

图 2-10　荷兰阿姆斯特丹运河两岸的山形墙建筑

在如今工业技术发达的时代，"重复"找到了更好的理由，这就是能够大量地标准化生产。由于计划规模庞大，重复频繁，整齐枯燥、千篇一律，会产生单调感，失去了统一中的变化节奏，使人感觉疲惫，这是工业时代和后工业时代给"重复"带来的悲剧结局。

2.5.3　渐进

在形态构成中，渐进是一种高级别的重复，要素的数量、尺寸和要素之间的距离以增加或缩减的方式在空间中依次展开。人们发现要素或要素群之间的关系中数量增加或减少的变化是一种几何式渐进的变化，它是一种具有活力的空间组织方式，但是在城市空间环境中这种方式需要确定渐变发展的极限。事实上，人们不会设想无穷尽的渐变，渐变在一个过大的距离空间中展开时，经常不会被发现或被体会到。

从定性特征角度来看，不仅仅是形态的连续与渐进的变化，光线从明到暗、色彩饱和度从高到低的变化也都是我们能够使用的获得渐变的方法。

所有我们知道的方法都是人们常常使用的方法，这些方法并不具有排他性，它们可以联合起来相互配合，这有利于空间的组织与布局(如图 2-11(a)、图 2-11(b)所示)。

2.5.4　对比

对比也是在建筑与城市设计中经常运用的设计方法，在建筑的形式、材料、色彩、建筑物与空间、空间的大小、街道与广场、硬质铺地与软质铺地(草地)之间都可以形成对比。如果希望产生丰富的视觉效果就需要某种视觉要素占主导地位，而几种要素的布局势均力敌将不具备任何表现力。当设计师需要突出某些要素的视觉特征时可以采取对比的方法。

（a）形态渐进图　　　　　　　　　　　　（b）色彩渐进图

图 2-11　形态渐进和色彩渐进

1. 空间大小对比

通过空间大小的对比可以使大空间显得更加宽广而小空间更加宜人，以获得丰富变化的空间效果。例如，街道越窄就越能使广场空间被衬托得更开敞，当人们从窄小的街道进入广场时会觉得空间豁然开朗，这就是街道与广场对比所产生的空间效果（如图 2-12 所示）。

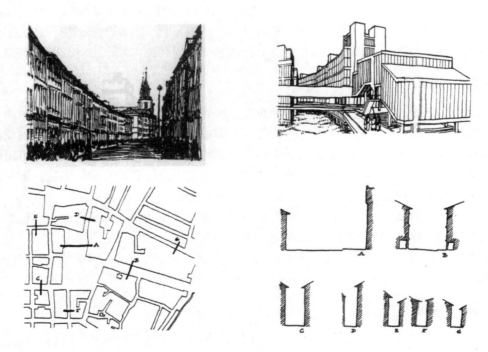

图 2-12　街道与广场的对比

2. 空间封闭与开敞的对比

通过空间封闭与开敞的对比，能够突出一个空间开敞的程度或是另一个空间的封闭程度。

3. 建筑色彩对比

色彩对比使得建筑空间更加丰富、更具有表现力，在丰富的对比中达到和谐。城市空间中通过色彩对比加强要突出表现的空间，通过色彩对比达到丰富空间视觉的效果（如图2-13 所示）。

图 2-13　色彩对比

4. 光影对比

这种对比是建筑及城市设计中常用的方法，它们能够使建筑形体富于变化，使城市空间在不同的时间里表现出不同的空间效果（如图 2-14 所示）。

5. 形式对比

此类对比能够在建筑立面、建筑形体、地面铺砌、街道家具设施形体上有所作为。

- 建筑立面细部垂直线条与水平线条的对比、开窗形式的对比。
- 建筑形体上球体、流线体与立方体的对比，规则形体与不规则形体的对比等。
- 铺地形式对比，例如方圆形式对比、流线形与直线形对比、规则形与非规则形对比等，都能够突出某个空间区域与场所，在对比中显示空间的特征、丰富空间层次，在变化中达到和谐。

这些简单原则的应用，允许在整体设计中保证空间结构的内聚力。我们在这里重新认识形态视知觉与心理学的问题，原因在于：关于形态，某些方法是依赖于视知觉组织方法，但是不能与自由的、偶然的构成混淆。

事实上，视知觉要素组织符合相似与邻近的原则，人们的视觉总是想尝试重构一个比

图 2-14　光影对比

较稳定的、统一的、规则的整体，这是平衡的总的倾向，在动态中同样也表现出这种倾向。我们观察动态形态，它总是表现出比较统一的、简单的平衡状态。

在空间关系的视觉衡量中，同样要重视明确的特征、要素之间的关系，要素与图底（背景）的关系，这些都涉及要素的质与量的标准，图 2-15 所示就是通过图底的关系来形成一个有特征的入口。

图 2-15　图底关系

本 章 小 结

对于城市空间的含义，无论是西方的几何学法则和视知觉理论的建构，还是中国古代空间观念的树立，都为我们提供了不同的认知和理解方式，而不同学科的研究对于城市空间概念的理解则呈现多样性的特点。对于城市空间的设计需要我们从空间的物质构成与使用者感受等层面去把握和切入，以正确理解城市空间的本质、价值和意义。

城市空间设计是一种艺术创作，它涉及诸多形式美的基本原理和法则，例如尺度、比例模数、视知觉及视觉要素，这些内容有助于提供人们感知和理解城市空间形态和空间结构的审美意味、组织规律和评判标准并赋予城市空间的特质。

思 考 题

1. 如何正确理解城市空间的概念及其内涵？

2. 结合所在的城市，分析尺度、比例关系对不同功能和层次的城市空间的影响。

3. 城市空间设计中视觉要素的构成有哪些？结合具体实例进行分析。

4. 运用对称、重复、渐进、对比等形式美学法则对你所在的城市的空间形态进行评价。

5. 举例说明如何根据人数规模来设计不同尺度的场所空间。

6. 举例说明如何根据封闭与开敞度的不同要求来设计广场。

第3章 城市设计分析要素及前期分析

城市设计工作的对象有两类，一类是已经存在的城市，另一类是将要建设的新城市，无论是哪一类城市，都不是一张白纸，都受到各种条件的影响及制约。在城市设计工作开始之前，一定要对城市的现状进行分析。分析要素涉及城市的自然环境、城市的空间形态现状、城市的社会与经济等，这些要素都对城市空间形态有决定性的作用或影响。在分析的前提下发现城市空间问题，针对具体问题进行的城市设计才能解决现实城市空间问题，才能创造满足城市生产生活需要的有特色的城市空间。

3.1 城市自然环境

在某些情况下，城市自然环境因素对城市空间形态起到决定性作用，这些自然环境因素包括地形地貌、自然气候条件、自然植被及当地乡土树种。

3.1.1 地形地貌

城市的地形地貌特征是城市空间形态的决定性影响因素。城市在一个山地上，它就表现出山地特征；城市在平原上，城市空间形态也表现出平原的特点；城市中河流、湖泊等地貌环境也给城市空间形态带来了不同的特性。

1. 地形地貌与城市道路布局

地形地貌决定或是影响了城市道路走向以及道路网络形态布局，山地城市道路因地制宜，常常形成枝状连接每个场所空间，而平原城市道路方格网状的结构则顺应了人类理智规则的要求。

2. 地形地貌与城市空间布局

地形地貌特征影响城市用地布局、城市空间组织结构及城市空间形态。山地城市，因地理条件的限定，城市在几个有限的平坦地带建设，常常表现出成组成团的空间布局形态。河谷地带的城市，城市空间布局沿河流的走向在河谷地带呈带状展开。平原城市，地势平坦，城市扩展很少受地形地貌的制约，城市空间形态常常表现出摊大饼的状态。滨水地区的城市则因为水域的形态和特征，其城市空间形态也表现出自己的特点。苏州河湖水道的城市空间形态与威尼斯的城市空间形态有着明显的差异，而武汉两江（汉水与长江）将城市分隔成三部分，再加上城市内部水系丰富，其城市街区道路结构、道路走向以及空间结构都表现出与水道的密切联系（如图 3-1、图 3-2 和图 3-3 所示）。

3. 地形地貌与城市建筑

地形地貌特征影响了城市建筑布局，对城市的"中观"空间形态影响非常大。城市建

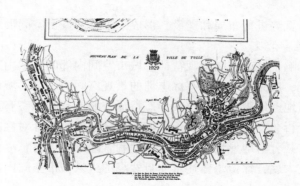

图 3-1　城市带状空间形态

图 3-2　地形地貌塑造城市建筑形象

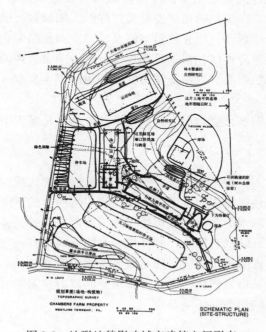

图 3-3　地形地貌影响城市建筑空间形态

筑、街道、广场随山就势进行布局和建设，形成了丰富的城市空间形态。

4. 地形地貌与城市景观

地形地貌特征影响了城市空间景观特征。城市空间内部的自然山系及水系，往往是城市空间内主要的景观，成为城市内具有标志性的景观空间，决定了城市空间特性。

综上可见，城市地形地貌的变化及其形态特征与城市空间形态有紧密的关系，必须对城市地形地貌进行分析、判断，这有利于人们进行合理的、有针对性的城市设计。

正确的设计方法是分析地形地貌特征，因地制宜地进行设计，尽可能采用随山就势的布局方式，避免大挖大填，保留水体让水体自然渗透进入城市空间内部。

3.1.2 自然气候

气候因素有日照、风象、湿度、降水以及气温，它们往往影响建筑的色彩、朝向、设计及城市总体空间布局，进而影响了城市空间形态及城市景观，它们是城市设计的重要考虑因素及设计依据。

1. 风象

风象包含了风向及风速这两个量，是城市各功能用地布局的重要依据。依据风象特征组织城市道路，确定城市绿地分布，这有利于城市通风，减少城市污染。同样要根据当地风象的分析，来确定建筑群布局及空间组织，避免有害的涡流及环流形成。在多风及寒冷的地区利用建筑、植物形成不同的风障形态，在城市空间内部减少风的强度。在炎热的内陆地区，连续建筑在狭窄的街道两侧形成风道能改善小气候。

2. 日照及太阳辐射

日照是城市空间设计的重要依据，应分析城市所在地区的日照规律，确定建筑的朝向、间距及道路的走向。在炎热的地区要避免过强的太阳辐射，确定建筑及城市空间的遮阳方式及效果，根据日照规律，研究建筑空间及城市空间光影变化效果，减少太阳辐射及其带来的不良后果。在寒冷地区，根据日照规律分析，确定合理的建筑间距及朝向，要争取足够的日照时间及日照强度，以保证城市空间环境的卫生要求。

3. 气温

城市气温同样也影响城市空间形态，气温条件分析也是城市空间及建筑形态设计的依据之一。

4. 湿度与降水

城市湿度及降水对人们日常生活有直接的影响。湿度过大或空气太干燥都容易造成人的身体不适，湿度过大还能够引起各种疾病及环境卫生质量的下降，因此在城市设计中要考虑各种防潮的需要。降水的多少与城市排水设施有着密切的关系，降水频繁及降水强度大对城市市民出行及户外活动有影响，同样也会对建筑内部有一定的影响。在城市空间设计及建筑设计时，要考虑防雨设施，以满足城市生活的需要。

总而言之，要根据城市气候条件来设计城市空间以对应需要。下面的例子使我们能够认识气候条件对城市空间形态的影响及作用。

- 寒冷的北方城市

城市布局中，一些大道、城市轴线应避免与冬季主导风向一致，以免形成有害的风道，加剧风的危害。建筑的布局应尽可能朝阳，争取日照；建筑主要入口开口朝南，避免冬季西北风的进入，公共空间带有阳光的入口有利于公共空间品质的建立和使用率的提高。由于其他建筑日照需求或是公共空间日照需要，建筑高度要根据周边的建筑功能或是周边场地需要进行限制。

此外，寒冷恶劣的气候也使其他独特的城市空间形态应运而生。例如加拿大的蒙特利尔，由于气候寒冷，一年中有半年时间下雪，城市地下空间的发展形成了城市地下步行空间系统。在市中心，人们可以不用上地面，通过地下步行系统就能够到达商场、电影院、各种娱乐文化场所及地铁站。

- 炎热地区的城市

为满足城市遮阳的需要，应在公共空间布局各种带有庇荫功能的休息设施；建筑由于要满足通风及避免强烈阳光的条件，所以其形态呈现出独特的地域特征。利用建筑形成有阴影的人行道，通过建筑群建立公共空间中必要数量的阴影空间，这一切说明了研究炎热地区的特征以及寻求满足当地需要及舒适的城市空间，是形成城市空间地方特色的重要途径。

在我国江南地区，为了减少太阳辐射，院子采用东西横长的平面，东西两侧围有高墙以减少夏季太阳的辐射。在中东地区一些狭窄的城市街道、封闭的院落形成的根本原因是为了防止风沙及太阳辐射。

- 多雨潮湿地区的城市

广州是一个很好实例，要满足市民在雨天也能够从容逛街的需要，城市中各种廊道空间、骑楼的出现满足了遮风避雨的要求。

建筑中雨棚、雨披构件及各类窗框也是为满足遮蔽的功能而存在，这样的城市空间往往体现出地方的特色。

某些潮湿地区的城市，其居住建筑出于防潮的需要，采取一层架空的方式，形成了特别的居住空间形态。

由上述例子我们可清楚地看到，受自然气候的影响，城市空间及建筑形态都表现出一定的地域特征(如图 3-4、图 3-5、图 3-6 所示)。特别是图 3-6 所示的西藏极端地理环境中的建筑，小尺度的窗及厚重的墙体都顺应了环境气候的要求。

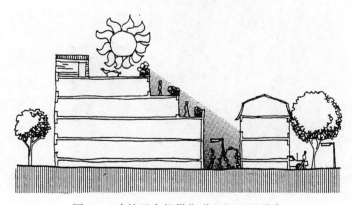

图 3-4　建筑退台提供街道空间日照需求

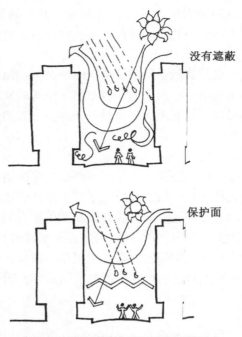

没有遮蔽

保护面

图 3-5　廊道空间满足遮风避雨的要求

图 3-6　西藏建筑的窗、墙顺应气候的变化

3.1.3　自然植被

自然植被在城市中的作用越来越显著，在城市建设中人们也越来越重视绿化植物的种植，其主要作用概括为以下几个方面。

1. 当地自然植被是形成城市景观特征最主要的要素之一
- 巴黎香榭丽舍大街两边修剪整齐的梧桐树给城市增添了浪漫的气息。
- 荷兰城市因郁金香的绽放而具有独特的魅力。
- 红枫是加拿大最主要的乡土树种，加拿大大部分城市里，主要的绿化植物是枫树，带有枫树的景观成为城市的主要景观，它因此成为国树，枫叶成为国家的象征。

在城市设计中应该注重城市中主要街道、重要景观地段的植物物种的选择及搭配，尽可能地选择地方特色植物以突出地方景观特色(如图 3-7 所示)。

图 3-7　街道特色植物突出城市景观形象

2. 自然植被能够体现城市地方历史文化

古树名木是城市历史的见证，既是自然遗产也是文化遗产，它常常成为当地的历史象征和人们的精神依托。

在中国许多的乡镇及聚落，当地具有几百年历史的大树成为具有标志性的风水树，它代表一种地域精神，成为人们崇拜的神物。

由此可见对城市地域的自然植被的分析，有利于我们把握城市文化景观特色，创造具有特点并符合当地居民需要的城市空间景观。在城市历史遗产保护中，原有的古树名木应该与历史建筑一样成为重点保护对象，并纳入整体保护体系中。

3. 自然植被具有重要的生物价值

自然植被的生物价值是改善城市小气候，改善城市空气质量，使城市能够可持续发展。

- 改善小气候

在风沙大的地区，种植绿篱来阻隔风沙，种植地被植物减少风沙及扬尘。炎热地区的城市，绿树成荫能够形成凉爽的环境，带状绿化形成的风道将城市外部冷空气及新鲜空气带入城市中。在寒冷地区的城市中，通过绿化来阻挡寒风入侵。

● 改善城市空气质量

绿树植物通过光合作用吸收二氧化碳释放氧气，有些植物还能够吸收二氧化硫等有害气体，此外，植物能够吸附灰尘，减少空气中的尘埃。这些特点大大改善了城市空气质量。

4. 自然植被对城市空间作出重要贡献

自然植被可以作为组织空间的要素，它可以划分空间、围合空间并遮挡空间。城市设计更多面对的是已经存在的城市、建筑及各种城市设施，可以借助植物对原有的不好的空间进行修饰、遮挡，从而达到改善空间的目的，也可以借助植物对原有空间进行再组织。

3.2 城市空间形态现状分析

城市设计更多面对的是已经存在的城市及已经存在的问题，在原有的基础上改善、改造城市空间或在原有基础上扩张城市空间，这些都需要我们重新设计。因此对城市空间现状的分析是非常重要的。城市空间形态分析涉及的内容有城市空间肌理、城市建筑现状、道路交通现状、街道设施及城市景观现状。

3.2.1 城市空间肌理分析

"肌理"一词常用在纺织品上，指纺织品的质地及表面的手感，在生物学中指植物的组织及构造。城市肌理表达两层含义：一是关于城市中可视的，重点在于那些结构之间的部分，可短暂地忽略城市整体组织、结构、骨架；二是城市空间的组织，这个组织同时表现了所有构成元素与它们改变、变化能量之间的相关性。也就是说，城市肌理是指城市构成要素在空间上的结合形式，它反映了构成城市空间要素之间的联系及变化，它是表达城市空间特征的一种方式。

城市肌理由三个城市要素叠加构成，它们是城市道路网络、城市用地地块及建筑。

城市肌理的特征经常用肌理的细腻及粗糙来描述，肌理纹理方向及肌理的有序与紊乱都表现了空间的特征和空间演变的脉络。

不同时期的城市空间肌理是有差别的，同一城市中的不同街区，其空间肌理也有自己的特点并表现出一定的差异。对于城市空间肌理差异的研究能够帮助我们认识城市空间状态、空间特征及空间密度，它可以帮助我们判定城市空间的历史变化、城市空间的功能及不同街区的异同与特征。因此，对城市空间肌理的分析研究有助于我们在城市建设中认识城市空间特色，在城市空间历史环境保护中把握城市空间历史文脉的延续，对城市空间历史环境的可持续发展具有特别重要的意义。

下面以武汉为例，分析不同街区的空间肌理和空间特色。

1. 近代汉口原华界老城区的城市肌理特征

近代汉口原华界老城区大部分用地形状为长方形，建筑尺度较小，建筑高度一般为一到两层。由于道路及街道平行或垂直于汉水，因此依据街道及道路布局的建筑，其朝向通常为南北向或东西向，用地被划分成南北长、东西短的长方形，由于长江与汉水交会的影响，道路随之改变方向，部分街区的建筑朝向也有变化；靠近租界区道路更为密集，用地地块被划分得更小，建筑占地也较小，但是因为大部分的建筑为清末民初所建，建筑层数多为两层及两层以上。概括起来，华界老城区的城市肌理特征主要表现为：细腻、变化均匀，肌理纹理的方向主要以平行和垂直汉水方向为基调，接近租界区逐级过渡为与长江平行及垂直。这里的空间肌理也显示出该街区公共空间非常少的状态(如图 3-8(a) 所示)。

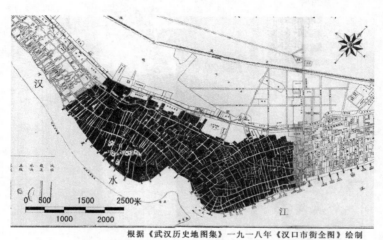

根据《武汉历史地图集》一九一八年《汉口市街全图》绘制

图 3-8(a)　近代汉口原华界老城区的城市肌理特征

2. 近代汉口原租界的城市肌理特征

通过城市空间肌理分析及梳理，可以发现城市空间在发展过程中出现的异质空间及空间问题的位置，为城市更新及旧城改造过程中城市空间肌理重构设计提供依据。

英国、俄国、法国、德国和日本先后在不同时期在汉口建设租界区，他们根据自己的文化、经济需要进行土地规划与建设，土地及地块的划分表现出各自不同的特征。但是由于土地使用性质的相似性、投机模式类似、用地环境条件相同，再加上各租界相互毗邻，因此它们也具有一定的共性。

租界内的街区空间由街道划出方格网状的基本单位，城市用地地块形状基本上为长方形，这是欧洲人在其殖民地通常采用的做法，英国、俄国、法国、德国租界地块的划分普遍比原中国城市老区要大，街区内建筑大多为银行、办公大楼、单元式的住宅、教堂及学校，还有一些工厂及仓储，因此建筑占地面积大，建筑层数一般为两层以上，建筑尺度比过去大得多，某些建筑带有前院与后院，总体上说汉口原租界街区空间肌理表现出相对的疏松感。建筑布局平行或垂直于长江，空间肌理纹理的方向主要以平行与垂直长江方向为基调，表现出空间的秩序感；但是，法国租界和俄国租界内斜向放射道路的介入改变了地块的形状及建筑布局的朝向，再加上铁路线及火车站位置的勘定使得租界内的肌理纹理方向产生了局部的变化(如图 3-8(b) 所示)。

日本租界空间也是由方格网街道划出基本单位，但是相对其他租界来说，其用地地块又有次一级的划分。垂直于长江的道路间距一般为 70 米左右，道路密度较大，建筑占地

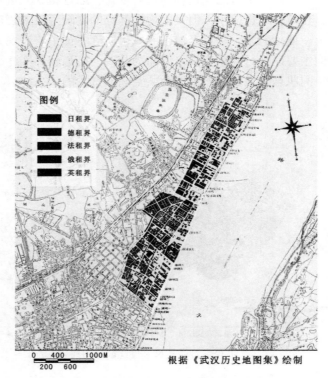

图例
日租界
德租界
法租界
俄租界
英租界

0 400 1000M
200 600

根据《武汉历史地图集》绘制

图 3-8(b) 近代汉口原租界的城市肌理特征

面积较小,建筑尺度相对来说也较小,其空间肌理表现出相对的细密感,但肌理纹理的方向与其他租界的肌理主基调一致(如图 3-8(b)所示)。

租界街区发展到 20 世纪 20 年代末还表现出一个重要的共同特征:靠近长江的建筑之间的空地较多,街区空间肌理相对疏松;越接近铁路线建筑密度越高,空地越少,建筑排列紧凑,街区空间肌理细密。从建筑使用功能上分析也表明了这一点:沿江大道一侧坐落有外国洋行、领事馆、银行、花园洋房和仓库,它们一般都带有花园或是场地;而接近铁路线,大部分为里弄住宅,几乎没有空地,建筑密度较高(如图 3-8(b)所示)。

总体上租界空间肌理与华界老城区相比要粗犷,肌理纹理方向较为丰富,也就是说异质空间肌理在租界中存在,但是比较有序,粗犷的空间肌理也表明了该街区有一定的公共空间,类型也较为丰富。

3. 汉口里弄街区空间肌理

汉口近代建造了大量的里弄住宅街区,这些街区有大有小,形成了非常有特征的空间肌理。由于大部分的里弄住宅呈行列式布局,里弄边界沿道路布局商店,通过支弄再连接总弄与街道联系,空间肌理秩序感很强。但是由于每个里弄街区由不同的开发商开发,每个街区各自为政,街区也受到地块形状、地块周边的道路等条件的制约,因此里弄住宅街区的空间肌理纹理方向各不相同。此外,汉口里弄街区的空间肌理与该城市其他街区的空间肌理有明显的区别,也反映出与城市空间的顺序关系(如图 3-8(c)所示)。

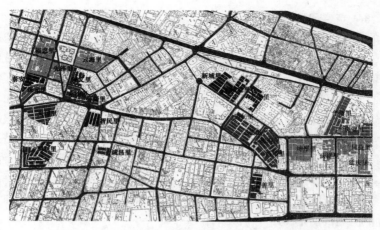

图 3-8(c)　近代汉口里弄住宅街区的空间肌理特征

4. 汉口棚户街区空间肌理

铁路线西北部紧邻铁路线的临时棚户平民街区，其空间肌理纹理紊乱，但是排列非常紧密，房屋高度密集，用地非常紧张，建筑之间没有空地，显示了恶劣的居住环境。这一规律也说明了凡是空间肌理紊乱的街区一般来说也是城市空间环境比较糟糕的街区，它往往没有经过规划而自然形成，或是空间在逐渐发展过程中没有规律地加密的结果(如图3-8(d)所示)。

根据《武汉历史地图集》一九三三年《新汉口市实测详图》绘制

图 3-8(d)　汉口棚户街区空间肌理

5. 近代汉阳城市空间肌理特征

汉阳城内的官府衙门建筑群以传统的院落方式组织空间,每幢建筑占地面积不大,但是用地面积大,建筑之间空地较多,这使得城市空间肌理表现出粗糙感。城内建筑基本上按传统的坐北朝南的格局进行布局,街道为南北向或东西向,城内空间肌理纹理也基本上为南北向或东西向。汉阳城西门外以城墙为界,街区自然生长,建筑占地面积小,建筑尺度也较小,建筑排列紧密,空间肌理细腻;纹理的方向同城内基本一致,它反映出城市生长的连续性。空间肌理的异质性表现出城内外空间的差异,这种差异通常是以城墙为界线的。汉阳城东门外,沿汉水及长江边的街区,通常是因水运及商业的发达而形成聚居点,进而发展成为具有一定规模的城市街区,因此,该街区用地紧张,每幢建筑占地面积和尺度都较小,建筑群布局排列紧密,空间肌理表现出相对的细致感,肌理纹理方向与河流位置产生联系(如图 3-8(e)所示)。

图例

- ■ 城内肌理
- ■ 沿长江街区肌理
- ■ 城北工业区肌理
- ■ 沿汉水街区肌理
- ■ 城西门外近郊肌理
- ■ 城西门外远郊肌理

根据《武汉历史地图集》一九〇九年《汉阳府城附近最新图》绘制

图 3-8(e) 近代汉阳城市空间肌理特征

清末汉阳城的北面因近代工业的发展而得到建设,工厂占地面积大、堆场及空地多,该地段空间肌理最为粗糙;因大部分工厂平行于汉水沿南北向布局,所以空间肌理纹理方向也为东西向及南北向(图 3-8(e))。

3.2.2　城市建筑现状分析

城市建筑现状分析主要是对建筑类型、建筑质量、建筑高度及建筑空间组合进行分类和分析。

1. 建筑类型分类

建筑类型可按建筑使用功能、建筑风格、建筑结构等几种不同的方式进行分类，每一种分类都反映了不同类型的特点。通过对城市建筑类型进行分类，能够帮助我们系统地、全面地认识、了解与把握城市建筑特征及特性。

- 建筑功能：根据建筑使用功能分类。

　　文化建筑：影剧院、博物馆、展览馆、美术馆、青少年宫、宗教建筑（如寺庙教堂）等。

　　体育建筑：体育馆、游泳馆、羽毛球馆等。

　　商业建筑：商场、大型超市、旅馆等。

　　办公建筑：政府行政办公建筑、商务办公楼（写字楼等商务机构）。

　　住宅：高层住宅、多层住宅、民居、公寓等。

通过对建筑功能的分析，我们能够更清楚地认识建筑的使用情况、使用效益及其与环境空间的关系，也能够了解城市用地功能及各类功能用地的关系。

- 建筑风格：主要是对建筑形态类型进行分类。

通过对城市建筑风格及其成因进行分析，帮助我们认识城市空间形态及空间景观特征，为设计师进行城市设计提供依据，提供建筑及城市设计创作的源泉，有利于我们创造有地方文化特色的城市空间形态。在旧城改造及更新中，对于建筑风格的分析和认识有利于对历史建筑的保护与更新。

- 建筑结构：从建筑结构类型上分类，例如木结构、砖木构、钢筋混凝土结构、石结构、钢结构等。

对老建筑结构的分类是旧城改造设计的重要工作基础，有利于旧城改造中老建筑的维修及改造。

2. 建筑质量现状分析

对建筑质量的评价是我们在进行旧城改造时判断是否拆除旧建筑的重要依据。

- 从建筑物建造年龄上来分析

通过对建筑物建造年龄的调查、分析和评判确定不良建筑，根据建造年龄来划分质量等级。如果建筑有一定的历史价值又超过使用期限，应该进行各方面的鉴定，然后确定是否可以利用，如可以利用就建立改造维修方案，否则应该考虑拆除。

- 从建筑结构和构造质量上分析

对建筑的基础、屋顶、外墙、内墙、地板、楼梯等项目进行技术评定。例如，确定地基是否稳固、屋顶是否开裂、墙体是否开裂或倾斜。

- 分析街区及建筑防火设施是否符合要求

在老城及旧城改造中特别要注重街区及建筑防火设施是否符合要求，这包括街区中防火通道系统是否健全，是否有完善的消防设施（消防栓及其设置位置是否合理），建筑内部是否有消防通道、消防设施、防火标志等。

通过建筑质量分析，我们能够决定哪些建筑应该拆除，哪些建筑可以保留，保留的建筑应该如何修缮，并确定可行的、完整的修缮方案。

3. 建筑高度

● 建筑高度分析

分析城市内部建筑层数及建筑的高度分布特征及空间形态特征，其中包括建筑高度分类分析，例如建筑高度、建筑层数等（一般 1~3 层为低层、4~6 层为多层、7~9 层为中高层、10~11 层为小高层，另外还有高层、超高层之分）。

● 建筑高度分析的作用

通过建筑高度分析，我们能够了解该区域内的空间状况，在城市街区改造中建筑高度是确定新建筑高度的设计依据，是建立城市空间设计尺度标准的依据，是制定城市建筑的绝对高度控制指标及相对高度的控制指标的依据。通过对城市建筑高度的限定来确定合适的建筑空间尺度及城市空间尺度。建筑高度分析常常同景观视线、景观视廊及城市轮廓线分析结合起来，是城市设计中涉及城市景观设计方面的重要依据。

4. 建筑空间组合分析

1）分析建筑与用地的关系（地块）

● 建筑沿用地周边建设，内部用地留出，形成内院或空地。如在欧洲城市中，建筑往往沿用地地块周边建设，并且构成了街道的边界和街道的界面（如图 3-9（a）所示）。

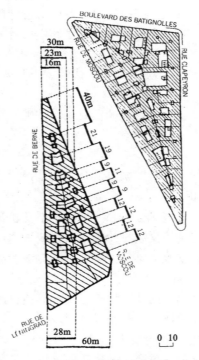

图 3-9（a） 欧洲城市建筑沿街道周边式布局

- 建筑适当后退到用地地块边界，沿街留出一定的空地作为建筑入口前的广场或公共空间，形成公共空间节点（如图 3-9（b）所示）。

图 3-9（b）　建筑入口场地设计

- 如果建筑不适当地后退用地地块边界，或在用地中央建设，沿用地边界留出大片空地，则在连续的街道中无法形成良好的街道界面，中断了街道的连续性，对街道空间产生了消极作用。
- 某些现代建筑设计方法使建筑能够脱离用地地块形状的束缚，同时也给用地地块带来了自由，这就是"建筑底层架空"，它使地面成为自由开放的空间，而建筑则漂浮在地块上空。从某种意义上来说，过多的底层架空建筑将使城市街道空间逐渐消解，每个独立的建筑使城市成为群岛式的空间形态。
- 建筑与地块的关系分析还在于建筑边界与地块边界的关系分析。例如：建筑边界或外轮廓是否与地块边界平行、垂直或有角度关系。当建筑边界与地块边界没有关系的时候就无法形成一个有机互动的空间状态。

　　2）建筑与建筑的关系

- 轴线关系

　　建筑沿轴线两侧对称布局，重要的建筑作为轴线的起始点或终结点，轴线的转换点通常由标志性或纪念性建筑来承担，这是西方城市常见的轴线空间组织形态（如图 3-10（a）、图 3-10（b）所示）。

　　建筑布局在轴线上，轴线串接大大小小的建筑院落，最重要的院落及建筑往往也是布局在轴线的终端，这是中国城市及建筑最通常的布局形式，传统居住建筑的组合等都是如此（如图 3-10（c）所示）。

- 建筑围合的关系

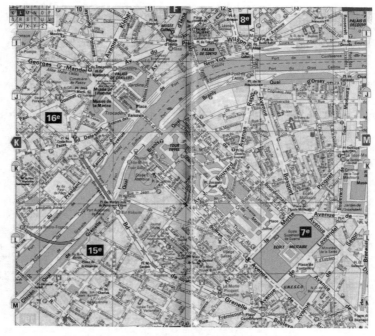

图 3-10(a)　巴黎城市轴线空间组织形态

图 3-10(b)　枫丹白露宫苑入口建筑沿轴线对称布局

　　建筑围合的关系非常复杂，建筑群布局方式不同，围合效果有很大的差别，有些时候也根据建筑功能、被围合空间的使用要求等来形成不同类型的围合空间。一般概括性地将围合空间分为封闭的围合空间形态、半封闭的围合空间形态、半封闭性差的围合空间形态。图 3-11(a)所示的是建筑围绕广场布局，形成了封闭的广场空间；而从图 3-11(b)我们可以看到建筑围绕花园呈组团布局，它们创造了不同的领域空间形态。

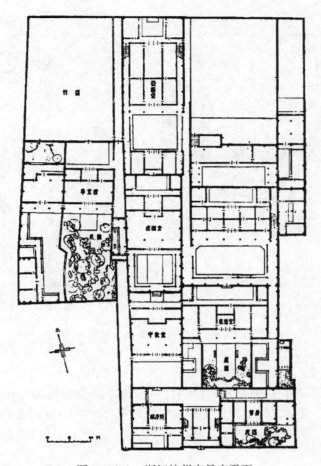

图 3-10(c)　浙江杭州市吴宅平面

图 3-11(a)　建筑围合广场布局

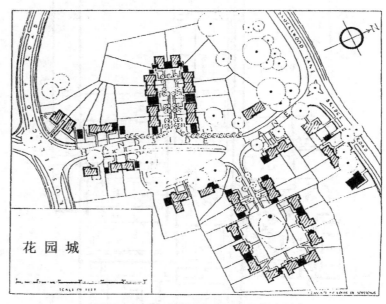

图 3-11(b)　建筑围绕花园呈组团布局

- 建筑排列布局关系

建筑行列式布局是常见的排列布局关系，分析建筑阵列形态和建筑间距能帮助我们认识建筑布局的关系、建筑之间的空间形态及空间效果(如图 3-12(a)所示)。

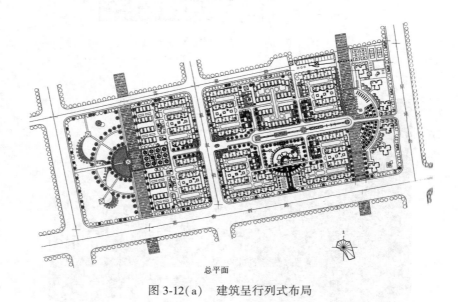

总平面

图 3-12(a)　建筑呈行列式布局

建筑沿着道路布局，道路成为空间组织的骨架结构(如图 3-12(b)所示)。

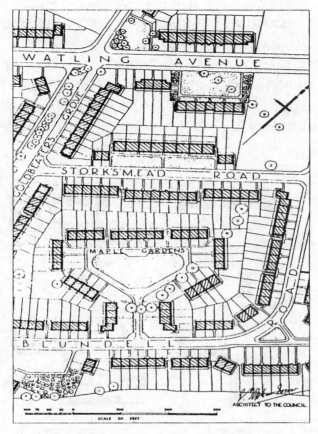

图 3-12(b)　建筑沿道路布局

3)不同历史阶段的建筑组群空间组合形态分析

分析建筑组群空间在不同年代的组合关系变化,找出不同历史阶段的建筑空间组合形态及空间密度,确定最佳空间密度及空间状态,比较分析最合适的空间组合形态或原始的组合,拆除危房和乱搭乱建的房屋(如图 3-13(a)所示)。

工作步骤:

- 分析不同阶段的建筑空间组合,对比空间形态特征,分析不同时期空间的合理性及空间问题;
- 找出最合适的空间组合形态或原始的组合;
- 确定要拆除的破损建筑及危害空间品质的建筑;
- 还原本来的空间形态或适合于人们生活的最佳空间状态。

在城市历史街区、历史地段的保护更新规划中我们常常采用这样的分析方法:对历史街区、历史地段的建筑群体进行分析梳理,找出可以拆除的危房及没有保护价值的建筑,确定需要保护的历史空间及历史建筑,为历史城市保护更新规划提供可靠依据,使保护更新规划具有可行性。

图 3-13（a）所示为欧洲某城市街区几个不同历史时期的平面图，它们显示出不同时期的建筑群的空间状态。1670—1675 年该街区并没有形成完整的街区地块形态，建筑沿道路呈不连续的布局。从 1813 年的平面图可以看出，经过一个多世纪的发展建设，建筑沿着地块边缘建设将地块围起。1975 年的平面图（如图 3-13（b）所示）表明了地块被加密，地块内部被填充。1977 年的平面图为改造规划提供了一个工作基础，这张图显示了建筑高度、地块内部入口的位置、过道、建筑门厅、楼梯的位置及建筑立面组织方式。由此，我们可以清楚地认识街区空间的历史发展及每个时期的空间状态，也能够发现目前空间的问题。

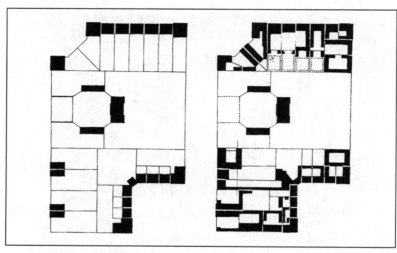

1670 — 1675年的平面图　　　　　　　　　1685年的平面图

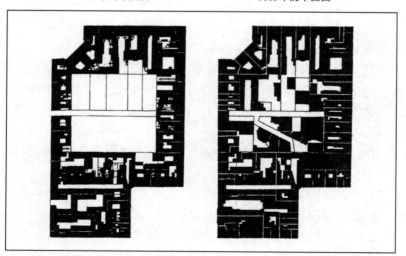

1813年的平面图　　　　　　　　　1975年的平面图

图 3-13（a）　欧洲某城市街区不同时期的建筑群空间组合形态

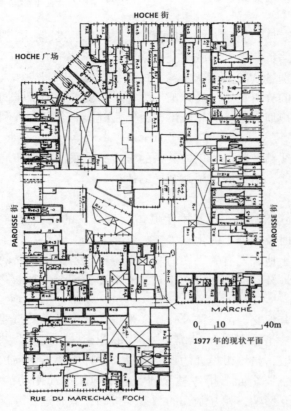

图 3-13(b)　法国凡尔赛 Toulous 用地形态

3.2.3　城市道路交通现状分析

城市道路交通分析涉及两个大的方面，一是现状道路分析，二是现状交通分析，这两方面相互影响、相互制约。

1. 现状道路分析

现状道路分析包括对城市外部道路及城市内部道路结构、道路布局、道路密度、道路等级构成、各级道路断面形式的分析，对停车场的布局、停车场面积、停车场与周边的道路、停车场与大型公共建筑的关系、停车场与交通换乘点的关系等也要进行足够的分析。通过对现状道路分析来判定道路是否能够满足城市交通的需要以及城市空间的状态及品质。

2. 现状交通分析

现状交通分析主要包括交通类型、交通流量及交通来源分析。

1) 交通类型

分析交通类型及相互关系，考察不同交通对城市用地及建筑布局、城市公共空间的影响，是确定交通道路设施的类型、交通规划、交通管制规划的重要依据。例如，分析采用

49

什么样的交通方式，采用什么样的道路形式，采用什么样的管制方式及手段等。

- 汽车交通

汽车交通是比较常见的交通方式，目前汽车交通发展迅速，特别是家用小汽车增长速度过快，导致城市道路负荷过重，城市交通堵塞。汽车尾气是城市空气污染的重要来源，因此欧美发达国家特别是欧洲国家越来越重视公共交通，以减少私人小汽车的使用。

对汽车交通类型的分析在城市设计工作中非常重要，有助于我们了解城市中市民出行方式，确定城市交通规划方案，引导城市市民使用健康、合理、有利于城市环境的交通工具出行。

对公共汽车交通线路及与周边用地关系的分析，是我们合理布局公共汽车交通站点及合理确定周边用地功能、引导周边用地开发的依据。

- 轨道交通及设施

轨道交通是目前欧洲城市、也是中国城市大力推广的公共交通方式，具有运载能力大、安全、迅速、准时及污染小的优点。

轨道交通与周边土地开发有着密切的联系，分析轨道交通线路的走向及轨道交通站点的位置是确定周边土地开发的依据之一，它能够帮助我们合理判断并确定周边用地功能及开发强度。

注重轨道交通与其他交通的连接及转换，这也是城市设计的重要工作之一。轨道交通大型站点及换乘点往往是城市中心、街区中心、商业街区、大型公共建筑及城市人流量聚散地等城市的重要地段，是城市设计的重要对象，设计中要考虑周边地段的用地功能、空间等复杂的城市要素，要全面分析各种交通、各个地块的使用功能、建筑之间的空间关系，分析它们之间相互影响、相互制约的因素及机制，只有这样才能为轨道交通站点、换乘点的定位及空间设计提供可靠的依据。

- 自行车交通

目前欧洲许多大城市提倡建立自行车交通体系，并将它纳入城市公共交通中，使它成为公共交通的补充，甚至在一定范围内替代公共汽车交通，它的优势是方便、节能、环保，并能够减少城市汽车交通的压力。

- 步行交通

步行交通是城市中重要的交通形式，我们应该注意研究的是怎样建立完善的步行系统以保证步行者行为的连续、安全及舒适，同样也要注重步行交通与其他类型交通的转换及衔接。步行空间设计是城市设计的重要内容，步行空间不仅为步行者提供步行的空间，同时为步行者提供休息、交流、聊天及各种活动的场所空间。

2）交通流量

- 通过分析汽车交通流量来确定交通道路设施的类型及交通管制措施，例如是否采用立交、高架或采用什么样的交通管制措施。
- 步行交通流量的分析是确定公共空间如广场、休闲场所的位置及规模的依据，也是设置交通设施(公共交通停靠站及换乘点)的依据。步行交通流量的分析同样是商业建筑布局及商业建筑规模确定的重要依据之一。

3）交通来源

交通来源的分析是确定城市各个用地地块开口的依据之一，是城市公共开放空间如广场、街道、绿地及停车场等场所的出入口确定的依据，也是城市建筑布局的重要依据之一。

3.2.4　城市街道设施现状分析

街道设施包括：街道照明设施、给排水设施、消防设施、街道指示牌、广告设施、街道休息设施(座椅等)、绿化及美化设施(花坛、喷泉等)、栏杆、报栏、报亭及商亭、电话亭、候车棚、饮水设施等。

街道设施是城市空间的构成要素之一，它们被用于组织城市空间，因此对街道设施现状的分析是城市设计的重要依据之一。

这些设施既具有使用功能，也具有美化城市的作用，同样它们是城市空间要素，对城市空间形成及空间品质起到重要的作用。如果设置位置及形式不恰当，也会对城市造成使用上的不方便以及对景观的破坏。

3.2.5　城市景观现状分析

城市景观现状分析是对城市景观条件、景观特征及景观质量进行分析，并给予一定的评价，以此作为城市景观设计的依据，这有助于我们的设计能够体现地方文化特色及景观特色，创造当地居民认同的城市空间形象。

1. 景观条件分析

景观条件主要包括建筑及街道设施景观条件、自然景观条件、历史遗迹。

1)建筑及街道设施景观条件

建筑及街道设施景观条件分析主要对能够成为景观的建筑进行调查，清册分类，标注空间位置，对可能成为景观或具有景观价值的街道设施进行调查、统计。

2)自然景观条件

对城市中自然山水进行调查，分析它们与城市建筑、城市街道、城市街区空间的关系，对城市环境的自然植被、动物种类及在城市空间环境中的分布进行调查，对调查资料进行分析，确定它们是否能构成城市景观的组成部分或成为潜在的景观资源。

3)历史遗迹

对城市中有历史价值的遗产进行调查、统计，并表明其存在的位置及与环境的关系。历史遗产是城市景观的潜在资源，它能够成为表现城市历史文化的景观。

2. 景观特征分析

景观特征主要包括建筑及街道设施景观特征、自然景观特征、历史遗迹特征。

1)建筑及街道设施景观特征

分析建筑形态类型及风格特征，分析其色彩特征。对不同类别的街道设施的形态特征进行分析，对街道设施的大小尺度与其环境空间的关系进行分析，对色彩在环境中的作用进行分析。

2)自然景观特征

分析城市中自然山水的形态特征，对于水来说，要分析水面的轮廓形态、水岸线的形态特征、水面的面积等。山的特征主要是山的轮廓、山体的高度、山体岩石的形态及色彩。植被特征主要有植物群落的形态特征，季节变化的群落色彩特征，单株植物形态，植物的叶与花的色彩、形态特征等。动物是在城市中主要野生动物的形态、活动等特征，例如白鹤、海鸥、白鸽能够成为城市的景观。

3）历史遗迹特征

分析历史遗迹特征，主要是对历史建筑空间组织、历史建筑高度、形态、建筑材料、色彩及历史建筑结构特征进行分析，同样要对历史遗迹环境特征、历史遗迹形态特征进行分析研究。

3. 景观质量分析

主要在于景观质量等级划分，同样要分析破坏景观质量的因素。景观质量分析的内容有建筑景观质量、街道景观质量、自然景观质量、城市色彩分析等。景观质量分析方法有：视线及视域分析、景观视觉廊道分析、景观轴线分析。

3.3　城市的社会与经济分析

城市社会包括社会风俗、社会制度及政策，而经济则包括经济体制、土地所有制、城市产业结构等。城市社会与经济是影响城市建设的重要因素，它们必然对城市空间形态有很大的影响。

3.3.1　社会风俗及生活方式

不同地区社会风俗对城市空间形态有很大的影响，首先是不同地区存在不同的社会风俗活动，需要相应的活动空间；其次是不同的风俗对空间类型及形态有不同的要求。因此，不同地区因具有不同的风俗而使城市空间表现出强烈的地域特征。

我国明清时期北京城的空间布局及形态，就表现出传统的风俗习惯及礼仪的深刻影响。明清时期北京城中，宫殿左右的太庙及社稷坛，就是为各种祭祀祖先的习俗礼仪及祭祀地神和粮食神活动所设立的空间场所，它附会了"左祖右社"的制度。明清北京外城南部永定门内大街东侧的天坛是明清两朝皇帝祭天与祈祷丰年的场所，永定门内大街西侧布局的则是地坛（又称方泽坛），它为帝王祭祀"皇地祇神"的活动提供了场所空间。

在我国的传统中，有正月十五以及其他固定的时间举行庙会的习俗，大量人群涌入庙前，人们在这里举行各种活动并进行物质交换，这就产生了对应于各种活动及仪式需要的庙前的步行街道及广场。在成都，市民普遍愿意去茶馆喝茶、摆龙门阵（聊天）、打麻将，这样的习俗使得城市街道里产生了许多对应需求的茶馆。在保持传统的中国乡寨里，人们以家族宗姓聚居，村寨里大事小事都由家族长辈讨论决定，宗庙就是同姓宗族议事及祭拜的公共场所，在这个公共建筑空间里同样设有戏台以满足家族各类庆祝娱乐活动需要。在这些例子中，庙宇前的广场、街道和城市街道中的茶楼、宗庙都是为了满足风俗习惯要求而形成的具有独特地域特征的空间形态。

欧洲中世纪，宗教统治了人们的日常生活，宗教活动成为城镇市民的主要活动，教堂成为城市中心，教堂广场是城镇的重要公共空间，甚至城市空间布局围绕教堂展开，城镇道路通往教堂，这是典型的欧洲中世纪城市空间形态。

欧洲人喜欢在街边喝咖啡、聊天并看街上人来人往，街道上带有露天平台的咖啡馆成为欧洲城市街道的特色。

3.3.2 社会制度、社会政策

社会制度、社会政策对城市空间形态的影响可以概括为以下三个方面：

- 社会制度及社会政策的不同可以带来城市土地分配机制、分配方式、城市土地开发模式的不同，这些对城市用地布局产生的重要影响，也由于城市土地空间划分形式不同而导致空间的差异。
- 社会制度、城市社会政策对街道、居住空间、广场空间的设计及建设都有很大的影响。
- 社会制度、城市社会政策能够决定城市建筑形态的选取，能够左右人们对建筑形态的普遍态度。

例如，中国古代封建社会及礼教制度成就了明清时期的北京城，城市空间构成为皇城、宫城、百姓居住的内城及具有商业和手工业的外城，由此可以看到城市布局等级森严，一切以宫室为主体突出其地位。伦理关系反映在家庭关系上则是父父、子子、兄兄、弟弟、夫夫、妇妇，这里我们能够看到一种人伦的尊卑秩序，中国古代合院居住建筑空间布局及形态就是根据家庭人伦的尊卑关系及其生活活动来进行营造的，根据家庭活动的重要性及家族礼仪活动来确定各种活动空间的布局，几进院落提供了不同等级关系的家庭成员的居住及活动空间。

我国 20 世纪 60—70 年代，大规模的群众集会与游行活动非常频繁，为了满足集会活动的需要，大规模的集会广场成为城市建设目标。我国 20 世纪 80 年代以前，城市政策不主张考虑建筑形态及建筑美学要求，仅仅考虑建筑使用功能及建筑经济要求，城市建筑面貌千篇一律，城市毫无景观可言。

20 世纪 90 年代，我国城市开始有了超大广场及大马路的建设，这一时期城市设计的主要任务就是设计大广场，大广场也形成了这一时期城市设计的特点，大多数城市设计方案都会有大的广场设计，这主要是城市形象工程政策的指导结果。这次大广场的建设规模大、范围广，无论城市大小都建设大尺度广场，一些街区、单位、学校也都效仿，极大地破坏了城市空间适宜的尺度，破坏了历史城市空间肌理及历史景观，造成了土地资源浪费。同样，大马路的修建也在全国各个级别的城市里有所表现，主要是地方政府为了满足汽车交通的需要，为了追求气魄的空间效果及城市的面子工程。

此外，欧洲各国也有相应的例子。例如，在 17 世纪的法国，由于中世纪发展起来的巴黎城市不再满足 17 世纪巴黎城市发展的需要，特别是路易十四对庆典式的建筑及城市空间的偏好，导致大马路的建设，如香榭丽舍大道。法国拿破仑统治时期，继续建设香榭丽舍大道这条轴线空间。1800 年，拿破仑领导建设 Rivoli 街东西轴线，从协和广场开始，沿丢勒花园到卢浮宫(Louvre)，北至 Charles Percier 和 PFL Fontaine，严格统一的开放拱廊成为以后建设的典范，尤其是凯旋门被建设成为城市空间的标志及空间建设的参照与依据。

以上例子说明社会制度及社会政策对城市空间形态及城市景观有很大的影响，并且主导了城市设计的观念。

3.3.3 经济体制及土地所有制

自新中国成立到 20 世纪 80 年代末，我国实行计划经济，所有建设都是在国家、单位的计划内进行，建设标准统一。由于经济条件的限制，所有的城市建设以满足基本使用要求为主，不考虑或很少考虑空间其他方面的需要。如住宅建设，在住宅户型、住宅造型、居住区布局等方面都千篇一律，商业经济模式单一化，相应的商业建筑形态也是单一的。

80 年代以后，经济体制及投资渠道多样化、投资商不同、投资模式不同，土地开发方式也存在差异。

商业模式也多样化，与此对应的商业建筑形态变得丰富多彩，例如百货商场、大型超级市场、各类专业商店及商场等。居住类型及居住标准多样化，别墅区、高层住宅区、多层住宅区、联排住宅区等不同等级居住区形成了不同的居住空间形态及具有特色的空间形式。

当然，我们还应该看到经济体制多样化给城市空间带来的新问题。经济体制多样化能够给予购买土地的商人更多样的投资机会，他们为了获得利益最大化，根据经济利益去开发土地进行建设，结果是形成了高密度的不良环境空间的形态。开发商也会根据自己的美学偏好，直接导致城市空间形态的紊乱、建筑风格的商业化以及庸俗化。土地使用权为私人所有或集体所有，使土地被细分，形成了城市地产的基本形状。在这样的地块中进行建设，常常决定了城市空间形态或是改变了城市原来的空间形态，造成了城市空间的非连续性及城市空间的割裂及中断。

此外，80 年代以后，我国城市土地有偿化使用，使得以土地出让为目的控制性详细规划应运而生。城市土地被划分为大小类似的方格网状，道路系统整齐规则，按照一般的程式来规定每块土地的容积率、密度、交通出口，根据这样的规划进行建设，形成了千篇一律的城市空间，导致城市空间单调乏味及城市空间环境被破坏。

当政府需要整体建设时，如城市道路建设、轨道交通建设、城市新区整体开发以及城市公共设施建设等，涉及私人、集体使用的土地会遇到许多利益矛盾及冲突。从这一方面来看，国家或政府拥有土地所有权及使用权有利于城市整体开发与建设。例如，法国拿破仑时期由于政府征用大批土地才能够完成道路的拓宽，形成今天法国巴黎的城市空间形态。

以上我们可以看到城市经济体制、土地所有制、城市开发方式对城市空间形态影响是非常大的。在城市设计前期应当重视经济体制、土地所有制及城市开发模式的分析，只有这样才能够制订相应的城市设计对策，以减少对城市建设的不利影响，同样我们应该利用或建立相应的经济政策以保障城市建设能够达到城市设计预期的设想。

3.3.4 经济技术发展

经济技术发展可以解决各种城市建设中所遇到的难题，也可以实现我们的各种城市空间设计预想。我们可以通过以下例子来认识技术对城市空间的影响和作用。

新的施工技术导致高层建筑的产生与发展，城市建筑高度不断增长，这彻底改变了城市空间形态。城市空间向上空发展和延伸，同时这使得城市人口密度变得拥挤，这样的城市空间是否适合人的居住与生活是一个值得人们研究和思考的问题。

技术发展使各种建筑类型成为可能，城市空间与城市景观变得丰富。

由于技术发达，城市高架交通系统介入城市空间成为普遍的现象，城市呈现出新的空间层次和景观，但是，这样的空间效果并不招人喜欢，它破坏了原有的城市空间尺度及人们的视觉及心理需要，我们可以通过其他技术方法来弥补或改变它们造成的问题。

本 章 小 结

城市空间形态的影响因素非常广泛，而各种影响因素交织在一起又非常复杂。同样，城市空间也是一个非常复杂的系统，因此在城市设计前期的分析中应该注意抓住城市空间的主要矛盾，解决城市空间的主要问题。具体应该注意以下几个方面：

（1）城市空间分析要分层次，不同层次的城市空间其主要影响因素是不同的。

（2）城市每个空间的影响因素是多方面的，要具体问题具体分析，抓住主要矛盾及主要问题。针对主要问题，提出解决问题的城市设计方案。

（3）要分析城市社会及经济，它们是影响城市空间的重要因素，以此为依据，提出的城市设计方案才具有地方性、特色性及可实施性。

思 考 题

1. 分析所在城市自然山水特征及其对城市空间形态的影响（要求进行图纸分析及文字说明）。

2. 分析所在城市自然气候对城市空间形态的影响。

3. 以所在城市有代表性的街道为例，分析街道两侧建筑高度与街道宽度的关系，并描述其空间效果（要求进行文字说明及图纸分析）。

4. 调查城市街道设施现状，提出存在的问题。

5. 分析目前我国城市开发方式对城市空间形态的影响。

第4章 城市空间类型及空间组织元素

城市空间类型研究的是不宜再进行缩减的空间单元类型，即城市最小空间单位，当然这个最小空间只是一个相对的单位。城市空间组织元素是指构成或形成城市空间的基本单位元素，对城市空间类型及其构成基本单位的研究与认识能够帮助我们深入了解认识城市空间及其构成要素的特征。

4.1 城市空间类型

城市空间类型包括街区、街道、广场、城市绿地空间，任何概念都不是绝对的，"不宜再缩减的空间"类型、"最小空间单元"都是一个相对的概念。同样，分类可以从不同的角度来进行，在一级分类的基础上还可以进行次一级的分类。

一定类型的空间对应某种空间形态，也对应了某类城市生活及活动的需求。城市空间分类方式是多样的，如根据城市功能分类、根据空间形态分类，通过对城市空间的不同分类，有利于我们对城市空间的描述和研究，可以帮助我们更好地从不同的角度认识城市空间、把握城市空间特性。

4.1.1 街区

街区是城市活动空间单位，是城市社会功能的载体。依据不同的功能划分，街区可分为居住街区、工业街区、商业街区、行政中心。各类功能街区有序组合，构成了城市空间的稳定结构，为城市生活及生产活动提供主要场所。十多年前欧美国家开始注重城市混合街区的研究及建设，人们认为混合街区使工作、居住、购物及休闲娱乐有机组合在一起，街区更具有活力、人们出行更加方便，并且能够减少居住与工作往返的交通压力。

1. 居住街区

居住街区是以居住功能为主的街区。居住是城市生活中一个重要的方面，是城市的主要功能之一。从居住街区发展来看，城市街区随着社会、经济及技术的发展不断变迁。

1）中国

中国古代居住街区形态的历史演变大致分为三个阶段，以隋唐长安城为典型代表的里坊制，以北宋东京开封城为典型代表的街巷制，以元代元大都为典型代表的大街胡同制。中国现代居住街区多以居住区的形式出现。

隋唐长安城采用严格的里坊制，用棋盘式的道路系统把全城划分为108个大小不等的坊，坊内设置东西横街或十字街，四周围以高墙，坊墙不得随意开门开店，夜晚实行宵禁。坊内居民实行"连保制度"，以便于统治和管理。里坊制围合封闭的布局模式是服从于政治上的需要和便于管理的指导思想。

北宋中叶以后，随着商业和手工业的发展，居住街区形制随之发生变化，封闭单一的居住里坊制逐步被打破，被开放的多功能街巷制所替代。北宋东京开封城为街巷制的典型代表，城市街道沿用了里坊制城市道路格局，撤去封闭的坊墙，使街坊完全面向街道，沿街设店形成街市，并沿坊内的巷道布置住宅。这种新型的开放式街坊制度满足了当时商品经济发展的需要，适应了城市生活方式的变化。

街巷制延续到元朝时期，居住街区的组织结构已发展为大街胡同的形式，原来的巷改称为胡同，形成了大街、胡同、四合院的三级组织结构。元朝都城街区布局形制是典型的大街胡同式，采用格网式的干道系统将全城划分成方形的街坊，街坊再被平行的小巷划分为住宅用地、无坊门和坊墙。坊内小巷称为胡同，多为东西走向。胡同内的院落住宅并联建造，将胡同划分为条形的居住聚落地段。

现代我国居住街区的形式十分多样化，有以下几种形式：

- 多层住宅区：以多层住宅建筑为主的居住区，住宅建筑层数一般为六层左右。该类住宅区从 20 世纪中期开始建设，20 世纪 70 年代以后在全国范围大批量建设。住宅建筑布局形式以行列式布局为主。
- 小高层住宅区、高层住宅区：20 世纪 90 年代初全国大城市开始出现小高层住宅区，住宅建筑层数大于等于十层，这类住宅建筑每个单元带有一部电梯。目前，由于城市用地紧张，越来越多的城市建设高层住宅，建筑层数达到 20 层甚至更高，这类住宅区相比多层住宅区能够极大地提高居住建筑容积率，降低建筑密度，提供更多的休闲绿地。
- 多层与小高层混合的住宅区：这类住宅区里有多层住宅也有小高层住宅。
- 低层联排式住宅居住区：这类住宅区的住宅建筑层数为四层左右。此类住宅区建筑容积率低，空间尺度适宜，常常位于城市郊区。
- 独立式住宅居住街区：以独栋小住宅为主的居住街区，建设在城市郊区及边缘区。建筑容积率及建筑密度低，绿地率高，环境好。但是不利于节约利用土地，容易造成土地资源浪费。

我国目前已经形成的居住区规划结构常分为居住区、居住小区、住宅组团。也有一些居住街区由于规模和空间组织方式等因素的原因，可能是两级结构，例如居住小区—住宅组团结构，目前也有扩大住宅组团的规划方法。目前依据生活圈理论正在建设 5 分钟生活圈居住区、10 分钟生活圈居住区和 15 分钟生活圈居住区。

2）西方

在欧洲，古代城市中大多数经济活动与居住基本上是分离的。古罗马时期，古罗马城市居住基本单位就是围绕庭院构成一个居住模块，由于地租的上涨，围绕庭院四周的住宅建筑能够建到 4~6 层，在城市中还产生了公寓式的居住形式。[①]

中世纪产生了一种居住形式这就是欧洲城堡及庄园宅邸，但这不是城市住宅，而是中世纪封建庄园经济及军事要塞的产物。中世纪城镇住宅主要是为了从事贸易或制造业者建造，

---

① ［美］詹姆斯·E. 万斯. 延伸的城市——西方文明中的城市形态学［M］. 凌霓，潘荣，译. 北京：中国建筑工业出版社，2007.

这种居住基本采用木头建成，中世纪城镇居民的半农民与半手工业的角色使他们的家庭住宅都需要有一个面向街道的门面，由于地价的问题，门面非常狭窄。中世纪大城市还有一种居住形态是带有塔楼的居住组群，每一个塔楼统领了一部分人群或一个派别的家庭群。①

中世纪以后，欧洲城市中的居住开始出现了富人及穷人住宅区的分化。富人住宅建筑位于开阔地带及街道的正面，住宅层数增高，出现了5~8层的住宅。文艺复兴后期，很多贵族向城外迁移，在郊区乡下修建宫殿式的住宅或是城堡。

19世纪中叶以后的欧洲，大量的连排住宅出现，主要是工人住宅区，这些住宅布局形式主要为行列布局，住宅区内布置有公共浴室、洗衣房及老年人的救济院。②这些居住区的共同特点是："一个街区挨着一个街区，排列得都是一个模样，单调而沉闷。"③

2. 工业街区

工业街区，是以工业功能为主的街区。工业代表城市经济发展的重要方面。工业的布置方式对城市空间、城市交通、城市环境等相关方面有着直接的影响，因此工业街区的布局在相当程度上影响着城市的空间布局。合理的工业街区布局既要满足工业发展要求又要有利于城市各方面活动的正常运转及城市的健康发展。

城市规划中将城市工业用地分为三类：一类工业用地、二类工业用地、三类工业用地。一般来说三类工业用地通常为污染严重的工业用地，这类工业用地及街区常布置在远离城市和与城市保持足够防护距离的地带；二类工业用地指对居住和公共设施等环境有一定干扰和污染的工业用地（食品、医药、纺织等），这类工业用地及街区常布置在城市边缘地区；一类工业用地指对居住和公共设施环境基本没有干扰和污染的工业用地（电子、信息工业、服装制造业、手工艺品制造），可设置在城市中。

随着现代经济的发展，为满足产业布局集中化的需求，城市边缘地带产生一定规模的工业产业园。这种工业产业园也属于工业街区的一种新兴类型，它的特点是可以集中城市优势产业，形成产业集群。

不同的工业因其生产的要求不同，其空间布局有很大的差别。工业街区内部应该根据工业生产性质、工艺生产流程及产业对环境要求来进行空间布局，还需特别注重街区的内部功能分区、交通流线组织、生态景观设计等方面的问题。不同特点的工业街区应采用不同的规划手法。街区内工业建筑及构筑物的形态不同，表现出不同的空间景观特点，但需与街区整体风格相协调，突出工业街区鲜明的空间特色。

随着技术与经济的发展，某些工业种类由于被淘汰、工业设施落后及其用地不再适应其本身发展需要而搬迁；此外，城市扩张，原来在城市郊区的工业变成为城市市区的一部分，工业街区对城市市区环境造成恶劣的影响，给城市中居民生活带来不良后果。由于上

① [美]詹姆斯·E.万斯. 延伸的城市——西方文明中的城市形态学[M]. 凌霓，潘荣，译. 北京：中国建筑工业出版社，2007.
② [美]刘易斯·芒福德. 城市发展史——起源、演变和前景[M]. 宋俊岭，倪文彦，译. 北京：中国建筑工业出版社，2005：图41附文.
③ [美]刘易斯·芒福德. 城市发展史——起源、演变和前景[M]. 宋俊岭，倪文彦，译. 北京：中国建筑工业出版社，2005：478.

述原因，城市用地功能调整及用地置换的要求被提出，并带来了一系列的城市改造及更新的新课题。例如，德国鲁尔工业区改造与更新就是矿业城市衰落而重新改造复兴的典型范例。德国人没有采取大拆大建的做法，而是将这里大片的产业基地保存下来，将工业构筑物建设成为人们活动、运动的设施，利用旧厂房改造成为各种艺术训练的活动空间及艺术表演场所。同时，将产业景观整体保护，如车间、斑驳的构筑、炼焦厂中圆桶瓦斯槽、锅炉机房以及其他众多生产流程中的机械设备和构筑都被作为景观要素保存下来，形成工业景观公园的重要组成部分。历经十余年的改造振兴，这个破败的大型工业区转变成了现代新型城市。

十多年前，在法国巴黎十三区，由于该街区工业衰落及工厂外迁，大量厂房被废弃，土地被闲置，人们提出了改造及复兴街区经济的计划。在具体的改造及更新行动中，人们并没有大量拆毁废弃的厂房，而是保留利用它们并改造成为大学教学楼，逐渐地使这个地区成为新的大学区(法国人称之为新的拉丁区)。通过保留的厂房，街区的居民仍然能够感受到熟悉的街区环境及长久以来形成的归属感，新的居民(学生)在这里发现认识街区的文明及历史，新旧对比也使所有人看到了城市可持续发展的新景观。

3. 城市商业街区及商业中心

商业街区中，主要以商业、办公、文化娱乐等功能为主，也有酒店及公寓。

1) 商业街区的复杂化与多元化

现代商业街区规模越来越大、功能也越来越复杂。现代大城市中商业街区及商业中心空间形态呈现出多样化的特点。从商业功能单一的街区到不同商业功能的复合街区，从单一平面的商业购物场所发展到地上、地下空间综合利用的立体化巨型商业综合体；从地面型步行区发展到空中系统的步行天桥商业和地下商业街；从商业沿街道发展到全封闭或半封闭的步行商业街，从自发形成的商业街发展到多功能的岛式商业步行街区等。

2) 多层级的商业中心

随着城市化进程加快以及城市集聚效应，城市越来越大，并不断地出现城市集群的形态，一个大的商业中心显然是不能够满足城市生活及活动的需要。在一个大的城市里，通常会有大的商业中心和不同级别的副中心。如果以城市集群的形态来讨论，则可能有区域性的商业中心、城市级别的商业中心以及区级级别的商业中心。

3) 购物中心

20 世纪 50 年代开始，美国首先在发展 19 世纪末欧洲的拱廊商业建筑、百货商店以及封闭式的市场基础上形成了大型室内购物中心，继而在欧洲也得到了青睐与普遍发展，其中很多中心成为区域性中心。商业功能被细化，专门的购物中心独立出来，形成独立的封闭的购物街区或是独立的购物建筑群体，其规模可以达到 20000m² 以上。在这类中心里有百货店、超级市场、零售、餐饮及文化娱乐设施等多种功能，它们由室内步行系统及中庭相联系，后期步行系统及中庭多采用玻璃顶棚，以此获得自然光线，在步行空间及中庭空间里布置有树木、休息桌椅及各式商亭，呈现出室外街道及广场的效果(如图 4-1 所示)。在这里我们得到了安全、舒适的购物环境但却失去了城市环境。以往街道及沿街的商店和活动场地现在降级为"交通通道"、门前停车场、服务载入区和商场货物存放地，如此一来，任何建筑模式也不能掩盖活力意义(城市活力)的丧失。城市中可见的活动已转入室内的场所，这些购物中心(街区)成为一个单独和孤立的区域。虽然表面上提供了一个慷慨的全天候的公共场所，但人们发现这是个可接受的商业或是文化形式。这类空间类型完全颠覆了传统的城市空间形态，相似大小的面积屋顶覆盖了几个城市街区，带有屋顶的面积单元被城市主干道所划分和界定，这样的购物中心的特点是：临街面的倒置(或翻转，临街面进入室内街道)和购物中心本身的自主，这使得它完全从原有的城市结构中脱离(如图4-2所示)。

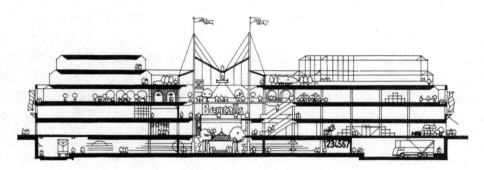

图 4-1　商业街拱顶与商店关系示意图

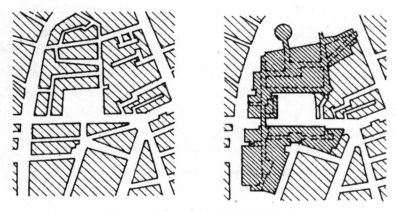

图 4-2　购物中心与街道关系示意图

商业中心往往与大的交通节点及交通换乘点联系紧密，因此商业街区及商业中心的空间组织非常的复杂。特别是目前大城市地铁交通的发展，商业街区中心一定要结合地铁站点、交通换乘点统筹考虑并开发，注重地面层、底下层以及地面以上的多层次的空间相互关联及相互影响，使空间使用更趋合理。

4. 城市行政中心

城市行政中心是城市政府的行政管理机构所在地，它由政府行政办公楼、法院、文化机关、会堂等建筑物及与之配套的各种场地构成。

城市行政中心在空间尺度、建筑物体量和视觉感受等方面应与城市规模相适应。在小城市或大城市的旧城中心，建筑体量一般较小，其他配套场地，如街道、广场等尺度也较小，它们往往与文化、商业组织在一起形成城市的中心。大城市的行政区往往自成一体形成中心，建筑以群体的方式出现，强调整体性和综合性，空间组织追求秩序、严谨，空间尺度较大。

在我国行政建筑常常采用高台建筑及超尺度建筑形式，建筑群体占地面积大，行政建筑前留有大片空地形成空旷的绿地。由于空间尺度过大，造成了行政建筑群空间与城市规模及城市空间不协调。也因为行政建筑过大的空地，使之与城市空间脱节，形成一种孤立的群体。在欧洲行政建筑及群体通常并不会成为城市的主体建筑及空间，建筑及群体空间尺度宜人。

城市行政中心的建设往往受到政府政策的主导，无论是在选址、空间布局及建筑风格上都会受到政府意志及政府决策的影响。

4.1.2　街道

街道是城市空间的主要构成部分，它的首要作用是交通，建筑立面向它敞开，它以这样的方式联系着城市所有的活动。人们能够在这里相遇、交换各种想法与信息并且相互影响，在这里人们能够散步或举行各类游行。由此可见，街道系统具有组织空间的重要功能，街道联系城市的每个街区、每个空间，同时它也是供人们活动、交往的场所。

人们根据街道的使用功能来进行分类，例如商业街、小吃街。同样，也可以根据它的交通特点来分类，如供人步行的人行道及步行街，其宽度较窄；而通行汽车交通的则被称作道路。有时道路与人行道共同构成街道的整体，例如我们常说的马路、林荫道。目前在城市中也存在专供汽车使用的道路，被称为快速道。

1. 以交通功能特点来分

1）道路

随着汽车交通的出现，道路逐渐成为车辆通行的空间。汽车工业的不断发展，使道路承担的交通负荷日益加重，道路不断被拓宽，人行道与车行道分离，高架道路及立体道路系统出现，这些改变带来了城市空间形态空前的变化。

意大利威尼斯、中国苏州由于水路交通运输的需要，水道空间成为城市空间联系及城市交往活动的重要空间形态（如图 4-3 所示）。

2）步行街

随着汽车交通的发展，汽车交通与人行交通的矛盾加剧，尤其是在城市商业中心，购物及休闲的市民需要一个安全、安静、不受汽车尾气干扰的步行空间，因此越来越多的城市开辟了禁止汽车行驶的街道空间，这就是步行街（如图 4-4 所示）。

通常根据汽车与行人分离的程度，将步行街分为下列几种形式：

- 完全行人徒步区：人车完全分离，街区没有车辆，这类徒步区常常出现在商业步行街，在欧洲很多城市老的街区或是传统街区里都形成了较为理想的完全行人徒步区。
- 半行人徒步区：实行时段车辆行驶管制制度，街区内在一定时段控制车辆的进入。
- 拓宽人行步道：城市街道首先应该满足人的需要，而不是机器使用的需要，这是当前城市街道设计的重要理念。在欧洲，过去一段时期内由于汽车发展，机动车道较宽，最近几年，提倡发展公共交通，特别是新型轨道公共交通，小汽车出行减少，机动车道被缩减，人行道重新被拓宽形成步行区域。

图 4-3　水道空间

图 4-4　步行街

2. 以空间形态来分类

1）直线形

在我国许多城市，特别是古都和历史上政府所在地，如北京、西安等城市街道呈现南北及东西走向方格网形态，街道空间形态就是直线形。欧洲许多城市也由于不同时期、不同原因形成了很多宽大笔直的直线形街道，如巴黎的香榭丽舍大道等。

直线形街道常常成为城市里的主要街道，也用于城市重大庆典活动。一般在街道的尽端建设纪念性建筑或重要的公共建筑，起到了良好的景观作用。直线形街道显示出庄严、规则整齐的特征（如图 4-5 所示）。

2）曲线形

欧洲中世纪形成的城市中，城市围绕教堂及其领地发展，街道呈现曲线形，例如意大利的锡耶纳、法国的圣米歇尔山都是街道围绕着教堂展开，自然形成曲线形的街道。同样

图 4-5　直线形街道

在一些城市由于地形条件或其他自然条件的影响及限制也出现很多曲线的、不规则的街道形态。例如武汉市汉口老城区(汉正街一带)受到长江、汉水沿岸形态走向的影响,街道顺应建设形成曲线形态。

曲线形态的街道能够取得步移景异的景观效果,人们在蜿蜒的街道中行走,每一个转弯都可以发现不同的建筑效果及不同的街道空间效果(如图 4-6 所示)。

图 4-6　曲线形街道

　3）立体街

　在现代城市中，由于高层建筑、地铁及高架道路交通的发展，城市立体空间的出现越来越广泛。为了连接不同层面的空间，街道形态也由地面发展到空中，立体街道由此应运而生。

● 地下商业街

　地下空间伴随着地铁、地下通道及高层建筑地下空间开发利用而形成完整的地下空间系统。人们更多地利用地下空间系统形成新的商业空间形态，这就是地下商业街。在寒冷地区的城市，地下商业街的发展特别受到重视，例如，在加拿大的蒙特利尔、多伦多，建设了地下商业空间步行系统，网络化的地下街道直接与地铁站及每个公共设施相联系，人们不用到地面上就能够到达市中心的每个公共建筑及场所，在这些城市可以明显看出这一网络系统。这些项目有着明确的总体目标，即缓解城市街道的交通拥挤和交通堵塞，在恶劣的天气条件下提供一种更为舒适的步行环境，这也是所有城市的共同目标（如图4-7所示）。

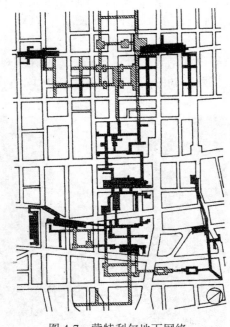

图 4-7　蒙特利尔地下网络

● 立体步行商业街

　商业步行街同交通型购物街相比有着安全、舒适、清洁等优点，对购物者有着强大的吸引力，逐渐成为城市中充满活力的场所空间。由于城市商业经济的发展，商业街区或商务街区整体开发的展开，商业建筑形式也随之发生变化，跨街区的商业建筑综合体越来越多。相邻街区的建筑需依靠步行系统加以连接，形成商业建筑综合体。这种步行系统包括地面、地面二层及地下在内的立体化步行网络，即立体步行商业街。这种商业街的立体空间形式使得地面、地下、二层步行系统有机联系、互为补充，形成空间尺度宜人、空间层次丰富和空间界面连续的步行购物场所空间。图 4-8(a)和图 4-8(b)所示的巴黎莱阿市场(les Halles)就是一个围绕下沉式广场空间展开的多层立体的商业中心，在这个商业中心里商业街的空间形态是它主要的商业空间形态，同样它与它的地铁系统是紧密联系在一起的。

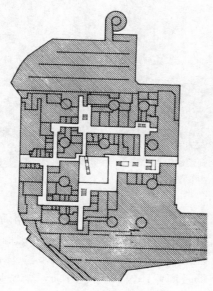

(a)巴黎莱阿市场平面图

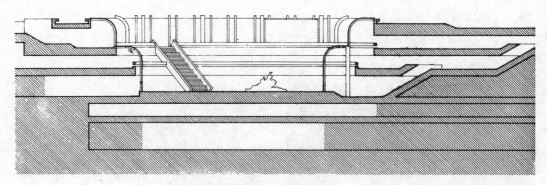

(b)巴黎莱阿市场剖面图

图 4-8 巴黎莱阿市场

4)河街

所谓河街，就是街道沿河布局与水道空间相辅相成，此外河街也可能是以河当街，河一方面作为交通联系空间，另一方面也作为活动场所空间。

河街的形态多种多样，下面为几个典型的例子：

● 建筑临河道布置，河道作为交通空间。在一定的地点上建筑退后河岸或中断建筑布置，形成空地作为码头、市场或广场，并与建筑另一面的街道相联系成为公共空间的转换点及城市节点。意大利水上城市威尼斯及苏州古城就有许多这样的例子（如图 4-9(a)、图 4-9(b)所示）。

图 4-9(a)　建筑临河布置　　　　　　　　图 4-9(b)　建筑与河道间的街道

- 建筑沿河道布局，在建筑与河道之间开辟街道，一方面形成与水上交通平行的陆地交通，形成风景优美的步行道。巴黎塞纳河左右两岸形成独特的景观步行区，同样也是风景优美的文化商业街，左岸有奥塞博物馆、拉丁区、休闲及商业，右岸有罗浮宫、大宫、丢勒花园、协和广场及商业建筑。图 4-10 所示为威尼斯水道，一边直接是建筑而另一侧为街道成为商业街。
- 建筑拱廊及廊道直接临河道，河道作为街道使用，船在水中直接到达建筑拱廊边进行交易活动（如图 4-11 所示）。

图 4-10　一侧建筑一侧街道　　　　　　　　图 4-11　建筑拱廊临河道

4.1.3　广场

1. 广场定义

广场也是城市空间的重要组成部分，原来是城市居民在大的节日里集会或进行商品交易的地点，它是城市生活的场所空间。通常广场由一些重要的具有魅力的建筑环绕，它的传统形式来源于古希腊的"l'agora"、罗马的"forum"以及中世纪的市场。维特鲁威在他的《建筑十书》中记载："在广场上举行斗剑比赛，商人集聚。"①由此，我们可以看出在那个时代，广场是全城共同的市场，是举行公民大会的场所，也是作为格斗比赛的地方。

中世纪时期，广场是教堂的前庭、是重要的宗教仪式活动场所，当然有些广场也是重要的商业活动场所，例如市场等。

文艺复兴时期，阿尔伯蒂写道："应该在城市的不同部分设置有数个广场，一些是为了在和平时期摆放商品；另一些是为了给年轻人锻炼使用；还有一些是为了战争时期搁置存储物资。"②他还将市场广场细分："广场应该成为很多不同的市场，一个是经营金银的，另一个是经营药草的，再一个是经营牲口的，还有经营木材的等。"③这一时期随着城市功能的复杂化，人们开始注意到广场的功能类型，以便于满足城市不同活动功能的需要。

古典主义时期，失去人的尺度的大广场更多地表现了人权及宗教权力的光辉。集权政治统治及法西斯统治时期，超大尺度广场体现了集权者的权力思想，满足了各类大型集会活动需要。

综上所述，广场主要是市民活动的场所，是政治集会、市民聚会、商品交换和休息的场所空间，同样还有小的空间、入口空间。此外，广场常常成为城市空间的联系节点或是核心。目前，为满足汽车日益增长的需要，它经常不可避免地转变成为停车场，这对市民行人来说是不利的。

2. 广场的类型

1) 以广场的功能来分类

城市广场应该满足城市功能需要，特别是现代城市广场常常根据其使用功能的需要来进行设计及建设。因此，在广场的分类中常常根据其使用功能进行分类。

- 街头小广场

在街道一侧或街角，供市民休息停留、活动的公共空间。这类广场通常规模较小，设置在人行交通节点处或人行道的拓宽区域。

- 市民广场

城市中供市民活动、休闲、举行庆典的主要广场。这类广场通常设置在城市中心或街区中心，周边布局公共建筑，其空间形式为规整的几何形态。广场规模应满足市民集会的需求，并合理组织交通，与城市道路相连接，便于人流集散。

- 绿化广场

带有大量绿化特别是草坪的城市公共活动场所，满足城市市民的休闲、停留及活动需要。这类广场一般与城市集中绿地、公园绿地、居住区绿地和城市自然景观相结合设置，

---

① 维特鲁威. 建筑十书[M]. 高履泰，译. 北京：中国建筑工业出版社，1986：102，104.

② [英]克利夫，芒福汀. 街道与广场[M]. 张永刚，陆卫东，译. 北京：中国建筑工业出版社，2004：97.

③ [英]克利夫，芒福汀. 街道与广场[M]. 张永刚，陆卫东，译. 北京：中国建筑工业出版社，2004：97.

其空间要素以植物绿化、园林景观为主。
- 纪念广场

 一般指设在纪念性建筑及纪念碑前的广场，供人参观、举行纪念活动的场所空间。广场宜保持肃穆安静的环境氛围。这类广场空间形态以规则、对称的形态来达到纪念性效果，交通组织上防止导入车流或禁止车辆入内。
- 集散广场

 用于人流和车流集散的广场，例如戏剧院、体育馆场、大型建筑组群、飞机场、火车站等交通枢纽站前广场，其主要作用是解决人流、车流的集散。广场应有足够的空间，合理组织人流、车流，具有交通组织和管理的功能。
- 交通渠化广场

 用于组织渠化交通之用的广场，如交通岛等。一般设在几条交通干道的交叉口上，主要功能为组织交通，也可装饰街景。

 2）以广场的形态来分类

 广场形态可根据平面形态分类、根据立体空间形态分类及根据空间封闭程度分类。
- 按平面形态可分为两种：

 一种是规则型，以规整的方形、规则的梯形、圆形、椭圆形及由其发展演变而来的对称多边形、复合形等几何形态构成，这些规则的广场平面多经过有意识的理性设计而产生。广场的形状规则对称，有比较明显的纵横轴线，广场上的主要建筑物布置在主轴线的主要位置上。市民集会广场、纪念广场或政府大楼前广场多运用此种形式，表现端庄肃穆的环境氛围。图4-12所示为佛罗伦萨的安农奇阿广场就是一个典型的对称式广场。

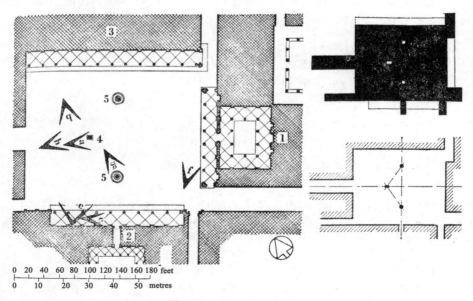

图4-12　palace Annunziata

68

　　另一种是不规则型，由不具备一般规则几何特征的简单几何形及没有固定构图规律的多边形等形态构成。这些不规则的广场形态是顺应用地地块形式、城市街道、建筑的布局而形成的。这类广场具有良好的围合特性，周边建造物的连续性构成了广场的边界，而形状完全自然地按建筑边界确定。广场普遍在高度密集的城市空间中局部拓展的区域，具有灵活多变的特点，有宜人的尺度，良好的视觉效果和浓厚的生活气息。这类广场主要在欧洲中世纪自然形成（如图 4-13 所示）。

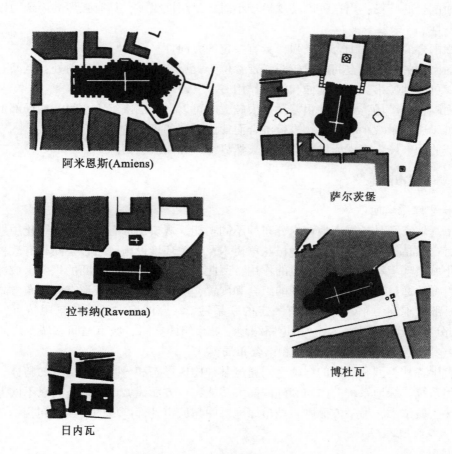

阿米恩斯(Amiens)

萨尔茨堡

拉韦纳(Ravenna)

博杜瓦

日内瓦

图 4-13　不规则的广场形式

● 按立体空间形态可分为三种：

　　上升式广场，广场地平高于周边道路，车行在地面层，人行活动区在上升层，实现人车分流。这类广场一般位于交通复杂的城市中心区，其立体空间形式能很好地解决交通分流的问题。此类广场的边界多以城市道路加以限定，空间围合性较弱，属于全开放性广场。

　　下沉式广场，广场地平低于周边道路，车行在地面层，人行活动区在下沉层，实现人车分流。下沉式广场相比上升式广场，不仅能够解决不同交通的分流问题，而且在现代城市喧嚣嘈杂的外部环境中更易取得一个安静安全、围合有致且具有较强归属感的广场空间，常布置在闹市中可以创造闹中取静的空间环境，如洛克菲勒中心广场。

多层空间广场，下沉、地面及上升层相结合，空间层次多维化的立体空间广场，其主要特点表现为空间的立体化，诸如复合空间、高架平台及地下空间的开发利用，这样不仅可以做到高效利用土地资源，多途径地整合城市环境，还可以提高广场的综合服务性能。

- 以广场的围合性来分类：

四面围合的广场：当这种广场规模较小时，封闭性极强，具有强烈的内聚力以及向心性和完整性。

三面围合的广场：围合性较强，具有一定的方向性。

二面围合的广场：空间限定较弱，常常位于大型建筑与道路的转角处，空间有一定的流动性，可起到城市空间的延伸和枢纽作用。

一面围合的广场：封闭性很差，规模较大时可以考虑二次组织空间，如局部上升或下沉，也可以通过景观小品、植物进行围合而形成不同的场所空间及空间层次。

全开放的广场：四周为城市道路或天然界线，如河流、山脉等。

4.1.4 城市绿地

1. 城市绿地空间

城市绿地空间是指城市地域内分布的不同功能、规模、形态和位置的绿化用地，其空间要素有自然植被、水体、人工种植花草树木及相关环境设施。这种空间具有改善城市生态、美化城市环境和塑造城市特色的作用，因此城市绿地是城市空间的重要组成部分。

城市绿地通过与其他功能空间的组合和配置，呈现出某种构成形态和分布方式。其分布方式一般要求均匀布置，并具有一定的联系性，结合城市空间及其景观特点，采取点（指均匀分布的小块绿地）、线（指道路绿地、城市组团之间、城市之间和城乡之间的绿带等）、面（指公园、生态景观绿地）相结合布局模式。

城市中各种类型和规模的绿地空间通过某种构成形态和分布方式组成的整体，即城市绿地空间系统。绿地系统的内向和外向两大功能，一方面让城市绿地空间以不同方式与形态向内深入城市中，另一方面则将城市绿地空间与城市外部广域的自然空间相结合。

2. 城市绿地类型

1）城市公园

指各种公园和向公众开放的绿地，包括综合公园、专类公园、带状公园和街旁公园。

2）居住区绿地

居住小区、居住街坊、居住组团和单位生活区等各种类型的成片或零星的绿地。

3）附属绿地

包括附属在公共设施用地、工业用地、仓储用地、对外交通用地、道路广场用地、市政公用设施用地和特殊用地中的绿化用地。

4）生产绿地及防护绿地

生产绿地指能为城市提供苗木、草坪、花卉和种子的各类圃地或科研实验基地。临时性的苗圃和花卉、苗木市场用地不属于生产绿地。

　　防护绿地是指针对城市的污染源、可能的灾害发生地、需要实行生态保护的水源地段而设置的绿地，包括卫生隔离绿带、道路防护绿地、城市高压走廊绿带、防风林及江湖水体岸边地带等，不包括城市之间的绿化隔离带。

　　5）生态景观绿地

　　位于城市建设用地以外，对城市生态环境质量、城市景观与生物多样性保护有直接影响的绿化区域。

4.2　城市空间组织元素

4.2.1　城市建筑与城市空间

　　建筑是构成城市空间的最基本的元素。建筑形成街道空间的界面，围合形成广场空间，居住建筑群体形成居住街区，各类公共建筑群体共同形成了城市中心区。总之，建筑是城市空间形成的基本单位，由这些单位组织在一起形成不同的空间单元，再由这些单元空间构成城市空间街区，最后形成城市。由此可见，建筑、城市广场、街道、街区和公园联系在一起形成一种城市结构。

　　此外，建筑对城市的贡献还在于赋予城市空间一定的意义。建筑形成了某种环境，参与了整体的组成，同时构成事件本身，例如一个方尖碑、一根柱子、一个牌楼、一座教堂或佛庙都能够赋予空间一定的意义及象征。从另一个角度来看，建筑应该和城市的文化结合，而不是从文化背景中孤立出来，它体现了城市空间文化的意义，一座不恰当的建筑会破坏我们的城市、我们的生活以及城市文化（如图 4-14（a）、图 4-14（b）所示）。

（a）la place des Vosges（巴黎浮日广场）　　　（b）Paris（巴黎）

图 4-14

4.2.2　城市街道设施与城市空间

城市街道设施包括电话亭、报亭、座椅、花坛喷泉、垃圾果皮箱、雕塑等。城市街道设施也被称作为街道家具，这些设施同样也是形成城市空间的重要元素。由于它的体积较小，有些设施又是可以移动的，所以往往被人们疏忽，但是它们对于城市空间的形成及影响又是显而易见的。

在这里要着重讨论一下喷泉、雕塑在空间组织中的作用。在欧洲城市的街道特别是广场空间的形成与组织中，喷泉、雕塑是非常重要的元素。一方面，它们是构成空间的要素，通过喷泉、雕塑形成空间的中心，加强空间的中心感，通过它们来组织联系不同的空间，同样也可以通过它们来划分和形成不同的空间区域；另一方面，它们能够赋予空间一定的文化意义，这在欧洲中世纪的城市以及文艺复兴时期的城市空间中有着重要的表现（如图 4-15(a)、图 4-15(b)所示）。

（a）喷泉在空间组织中的作用　　　　　　　　（b）雕塑在空间组织中的作用

图 4-15

现代城市中，电话亭、报亭在城市规划中的作用也越来越重要，它们常常布置于城市街道空间、广场及其他休闲用地里，它们可以作为分隔空间、组织空间的要素，也能够作为城市空间节点的景观要素。

4.2.3　城市道路交通设施与城市空间

1. 城市交通设施与城市空间

城市交通设施主要有停车场、停车建筑、公共交通候车亭、交通转换站房及相应的辅助建筑。

城市交通设施位于交通节点、各个街区及中心、城市大型公共建筑前及城市公共空间。交通设施常常成为街区空间、城市节点空间的标志性建筑，围绕交通设施发展形成城市节点空间、街区中心、城市重要的公共空间（如广场），由此我们可以看到交通设施与城市空间相辅相成的关系。

　　法国莎特莱与莎特莱—莱阿地铁站就是一个很好的实例，它们是法国乃至欧洲最大的地铁站，莎特莱地铁站是市区五条地铁线路的交会点，莎特莱—莱阿地铁站是市区通往郊区的三条线路的交会点，两个站点通过地下空间相联系，形成了城市街区的中心与城市郊区铁路线的换乘枢纽，围绕这个枢纽构成完善的地下空间系统，建成了法国巴黎最大的商业中心，这就是来阿市场 Forum des Halles 商业中心，它是由 Vasconi et Penchreach 这两位法国建筑师设计，于 1979 年建造。地下五层空间，其中两层为停车场，三层为商业，地下第三层商店环绕着一个方形广场。从街上的视点去看这个现代建筑，它只有一层，并且建筑整体向外敞开。建筑由钢与玻璃构成，映照着周边环境的建筑，保证了与历史街区相融合。地下城围绕着街道及广场，通过楼梯及自动扶梯相联系，阳光通过向天空敞开的广场进入地下空间。在这里，地下设有电影院、商业中心、广场等交流约会的公共空间，地面上有街道、广场及大面积的绿地(如图 4-16(a)、图 4-16(b)所示)。

(a)莱阿市场商业中心　　　　　　　　(b)莱阿市场中心半地下广场

图 4-16

　　另外一个例子是巴黎的 Saint-Lazare 地铁站。2003 年，由于在原有地铁(SNCF)系统的下面建设新的地铁线路，于是巴黎重新建设了 Saint-Lazare 地铁站。这个地铁站有着丰富的历史，1837 年，法国修建第一条铁路线，它联系巴黎与 Saint-Germain，这时就有了 Saint-Lazare 站；Saint-Lazare 站还是第一个联系巴黎郊区，同样也是联系法国邻近国家的第一个火车站。目前每天它吸纳 100 万人次左右。这一地铁站将新线路站点与原来城市市区地铁网络(SNCF)、郊区铁路线路(RER)的站点联系起来，成为一个大的换乘点。地下空间除了联系通道空间之外还有售票处、设备用房、公共广告设施及商业空间。

　　巴黎 Saint-Lazare 地铁站的出口设在 Rome 院，院四周的建筑高度为 5 层、20 米左右，地铁站地面部分的建筑尺度为一层，建筑表皮使用玻璃材料，使地铁站建筑避免了与周边环境的冲突。建筑形态的处理具有美学逻辑性，反映了时代特征，通过建立简洁精确的复合几何形态表达现代风格；屋面轮廓谨慎地与 Rome 院四周建筑的水平线条相协调；建筑布局微微倾斜，将人流引向 Saint-Lazare 街；玻璃曲面幕墙允许自然光线穿过楼梯、自动扶梯直到地下空间底部。[①] 如图 4-17(a)、图 4-17(b) 所示。

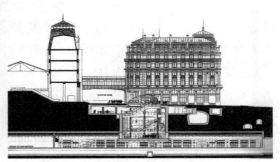

（a）Saint-Lazare 地铁站出口　　　　　　　　（b）Saint-Lazare 地铁站剖面

图 4-17

　　从上面的例子我们可以看到，地铁站建设为城市地下及地面上公共空间的开发建设提供了一个非常有利的机会。通过共同整体开发，人们可以获得一个全新的城市公共空间，地铁站也能够成为城市新的标志点。

　　交通设施对城市空间的不良影响主要体现在以下几个方面：

- 不恰当的布局对街道空间交通流线有影响，并破坏城市公共空间尤其是街道空间的连续性；
- 高架轨道交通设施破坏了城市公共空间尺度及景观；
- 交通建筑不良形态破坏城市及街区的形象。

　　2. 城市道路交通指示及街道照明设施

　　道路指示装置、街道照明设施、路标指示牌都属于城市道路交通基础设施，是城市中不可缺少的重要设施，它们也是影响城市空间使用及城市空间景观效果的重要因素。

　　道路指示装置位置是否恰当、指示是否明确影响城市空间的使用，指示装置的大小、美学效果、位置对城市空间景观效果也有很大的影响。街道照明设施的照度对城市空间夜间的使用起着重要的作用，照明设施的形态与色彩也会对城市空间景观产生影响。同样，其位置的恰当与否对城市空间使用也有一定的影响。路标指示牌的设计及布置要认真对待，除了要满足其使用的要求外，要特别研究空间环境特点和文化氛围，这样才能对城市空间产生良好的作用（如图 4-18 所示）。

---

　　① Pierre Clément. *Arte Charpentier* [M]. Paris：Editions du Regard，2003：114-121.

图 4-18　街道照明设施

4.2.4　城市广告、招牌与城市空间

在日本建筑师芦原义信《街道的美学》一书中关于城市广告、招牌在城市空间的作用有很好的论述，他将城市广告、招牌形成的轮廓称为城市的第二次轮廓，而建筑外观形态被称为城市第一次轮廓。在欧美城市的街道空间往往是由建筑来限定，并成为城市空间第一轮廓，人们对广告及店面招牌的大小尺寸、位置、悬挂方式都做了严格的管理控制规定，从设计到制作都要按照规定来执行，城市广告、招牌对城市空间形态尤其是对建筑形成的第一次轮廓的影响是有限的。图 4-19 所示为罗马街道上的服装店铺，其店招和广告都很小，以建筑立面为重，绝对不会破坏建筑悬挂招牌。

但是，在亚洲城市中各种各样的招牌突出建筑立面外，城市广告竖立在建筑屋顶之上或是街道上，建筑被淹没在它们之下，我们可以想象城市广告、招牌对城市空间的影响，城市广告招牌的设计与控制对城市空间建设及营造是非常关键的。因此，在亚洲城市尤其在我国应该将城市街道上的建筑招牌、广告纳入城市设计范围，要进行控制设计以确保城市空间形象完整及美好的体验。

4.2.5　植物与城市空间

在欧洲，植物通常是组织空间构成的重要元素之一。除此之外，植物为改善城市空间

图 4-19　罗马街道上的店招广告

环境的空气质量及城市小气候起到重要的作用，植物为城市美化作出了重要贡献。

　　1. 行道树及花坛在组织街道空间中的作用

● 街道的行道树不仅能够产生遮阴效果，还具有吸收二氧化碳产生氧气的生物环保价值。

● 利用高大的行道树引导视线，加强街道的方向感，丰富空间层次形成良好的景观。图
　4-20 所示的是通过巴黎街道上的行道树引导视线，突出了星形广场上的凯旋门。

图 4-20　行道树引导视线

● 利用花坛来分隔人行道与车行道，分隔不同方向的车行道。花坛结合座椅布置于人行

道空间内形成供行人休息的场所，同样花坛也可在人行道中起到划分空间形成不同场所空间的作用。

- 利用植物的栽植特别是灌木绿篱对人行道空间进行分隔，划分成不同功能空间区域，例如可以形成人行流线空间，行人停顿休息空间和儿童玩耍游憩空间。
- 花坛、绿篱、行道树对城市街道具有美化作用，在不同的季节里，植物色彩、形态为街道带来了不同的景观。

　　2. 休闲绿化广场植物组织空间作用

- 利用植物形成休闲的场所，形成可游、可观、可停留的空间(如图 4-21(a)所示)。
- 通过植物围合组织不同功能要求的空间。例如，利用 1.5 米以上的绿篱围合半私密空间或相对私密的空间，利用低矮的灌木围合公共空间场所，可以形成儿童游乐地、表演场地、聚会场地等(如图 4-21(b)所示)。

图 4-21(a) 利用植物形成休闲场所　　　　　图 4-21(b) 植物围合组织不同空间

- 通过植物来加强空间的形成。例如可以利用对称种植植物来加强广场的轴线空间，通过色叶植物和花卉来烘托加强广场的中心。

　　3. 立体绿化的作用

　　立体绿化能够软化城市建筑及构筑物硬质空间，可以改变城市景观，形成良好的景观效果。

- 通过种植立体绿化改善或降低城市立交桥、城市高架路对城市空间的分隔对景观的破坏作用。
- 在阳台种植花卉及其他形式的立体绿化，能够改变建筑形象，取得良好的美化效果，形成独特的景观。

4.2.6　铺地与城市空间

　　铺地对空间的形成、空间效果及空间特色有着重要的作用，铺地是形成城市空间的一个重要界面。

　　1. 铺地是形成空间的重要因素

　　通过不同质地、色彩、图案的铺地可以划分定义空间的范围，形成不同区域的空间。

例如用带有线型、连续图案的铺装形成与周边区别的动线空间，用带有同心圆图案的铺地能够形成稳定的、确定的聚集空间场所。从图4-22中我们可以看到建筑廊道内铺地与室外铺地的差异，通过这种差异来区分不同的空间场所。

图 4-22　铺地差异区分不同空间场所

2. 加强空间效果

通过具有明显线型图案或质地的铺装能够加强动线空间的方向感。

用具有向心性图案铺装能够加强空间的向心感，例如罗马卡皮托广场的铺装利用图案效果增强了椭圆形广场的向心感和聚集力。

3. 赋予空间特色的作用

不同质地、色彩、图案的铺地能够表达空间的特性，能够赋予空间特色。质地光滑细腻的铺装常常用于重要的场所空间，在建筑内外的交界处通过质地细腻与粗糙铺地的对比来区分半公共空间与公共空间或半室外空间与室外空间。

在儿童活动空间及场所，可以利用儿童喜爱的色彩鲜艳的图案铺地来加强空间特色并与其他空间自然分离。

本 章 小 结

城市空间有街区、街道、广场、城市绿地等不同空间类型，每一种空间类型具备各自的功能和空间形态，从而使城市空间呈现密切的组织关系、多样的布局形式和丰富的景观特性。通过这些功能和空间形态可以体验到城市社会、经济和文化的历史积淀以及城市空间的演变。

城市空间涉及建筑、街道设施、道路交通设施、植物、铺地等组织元素，它们不仅是组织城市空间的要素，而且赋予城市空间特定的意义与特色，并且可以增强城市空间效果。

思 考 题

1. 举出实例，表述城市建筑与城市空间的关系，并说明建筑对城市空间的影响，表达方式不限。

2. 举例说明城市道路交通设施与城市空间的关系。

3. 用植物来组织三种不同类型的空间。

第5章　城市空间组织及城市空间分析

城市空间为人们居住、娱乐、休闲、工作及各种联系活动提供场所空间。城市空间组织必然要以市民居住、工作等活动及它们之间的联系规律为依据，城市空间组织是否合理，应该以满足城市各种生活活动的需要为标准。此外，城市中使用空间的市民的心理、视觉感受也是非常重要的衡量标准。因此，城市空间组织分析要从两方面考虑，一是满足各种城市活动的功能需要，二是满足人的感受要求。创造人们感觉舒适，具有期待感的空间，必须对人的视知觉、心理及行为习惯进行研究。

不同的空间对应了不同的城市功能的需要，因此城市空间非常复杂，将不同的空间组织起来创造有序的城市空间系统是城市设计的重要工作。要进行城市空间组织及城市空间分析就要研究城市空间组织规律及组织原则，这样有助于我们设计和谐、有序的城市空间体系。

5.1　街道空间的功能及空间组织

街道空间一般来说就是各个建筑、城市各个空间及街区相互联系的通道，同时也是人们户外的一个交流活动场所。街道空间的功能是供人们穿行或在街头休息及散步，满足等人及候车之时停留的需要；街道上有叫卖的零售摊贩、有艺人的杂耍、演唱等等公共活动，这些都需要空间。怎样满足人的行为需要，是我们在街道空间的功能组织中要研究的首要问题。

街道上人的活动动静及活动的轨迹特征可分为两类：一是线性的活动，例如人们在街道上穿行通过、街道上散步；二是相对集中区域范围内的活动，主要指非移动性的活动，例如表演活动、休息、闲聊、聚会、等人候车、零售摊贩点、售报及问询点等。

线性的活动空间要保持空间的连续无障碍，并且它要连接通达各个沿街建筑入口及活动场所空间。而非移动性的活动空间要满足不同活动功能的需要而形成场所空间，它们应该相对完整，避免被动线空间穿越割裂。

5.1.1　街道空间组织

1. 街道建筑与空间

街道两侧的建筑与街道空间相辅相成，相互影响与制约。街道建筑对街道空间影响表现在以下几个方面。

1）街道建筑构成了街道空间本身

街道建筑是街道空间构成必不可少的元素，它作为限定要素构成了街道空间的边界。如果没有街道两侧的建筑，街道空间就不完整。

2）建筑决定了街道空间感受

街道建筑决定街道空间的感受（空间是封闭还是开敞等），建筑围合的方式、建筑的高度及体量对街道空间有着直接的作用。当建筑高度（H）与街道宽度（L）之比为 1：1 时，街道空间完整性和围合感都比较适宜，能够给人舒适感；高宽比小于 1 时封闭感较强，比较适合于形成良好的购物环境及步行商业街；当高宽比为 1：2.5 时，街道会感觉比较开敞空旷（如图 5-1 所示）。

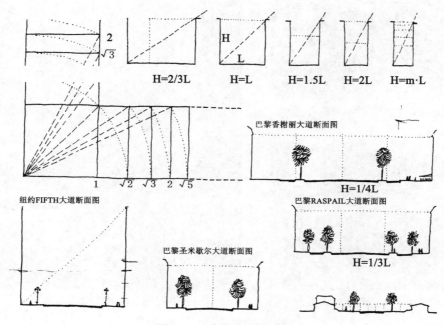

图 5-1　比例与街道断面图

街道两侧建筑体量和建筑高度影响了街道空间的尺度，建筑的围合方式及围合关系影响了街道封闭、开敞的空间感受。

3）建筑形式与风格赋予街道特色

建筑给空间带来风格特色。当街道两边的建筑风格为中国传统风格时，街道空间也显示出其传统的特色，当街道两边建筑为现代建筑风格时，其街道空间就显示出现代特色（如图 5-2（a）、图 5-2（b）、图 5-2（c）所示）。街道两侧建筑杂乱无章也会给街道带来糟糕的空间效果。因此在街道空间设计中，街道两侧建筑形式与风格是尤为关键的。

4）街道建筑功能对街道空间绝对性的影响

街道两侧建筑的使用功能常常决定了街道行人的行为需要，这就直接影响或决定了街道空间的使用。例如：当街道一侧布局有大型商业建筑时，大量购物人流的进出就决定了该建筑前面需要足够的空间，以便为购物人群提供通行、停留、休息的场所；街道一侧布局有文化娱乐设施时，其建筑前的街道空间应该保证大量人流聚散。一般来说街道一侧建有重要的大型公共建筑（如影剧院、博物馆、商场、地铁出站）时都将成为街道的节点，在这些建筑前的街道往往被拓宽形成广场（如图5-3所示）。由此可见街道建筑功能对街道空间的影响是至关重要的，它们对街道空间的使用、街道空间的布局及街道设施的布局都起到了决定性的影响作用。

图 5-2(a)　中国传统风貌街道

图 5-2(b)　欧洲街道风貌

图 5-2(c)　现代风格街道

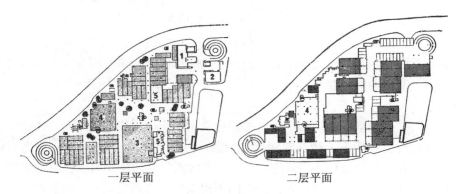

一层平面　　　　　　　二层平面

朴次茅斯，Charlotte 大街

1—加油所；2—洗车；3—超级市场；4—百货商店；5—酒店

图 5-3　大型公建对街道空间的影响

5）建筑入口对街道空间的影响

街道两侧建筑入口决定了街道人流活动的走向，因此是街道动线空间的设计依据。通过对街道两侧建筑入口进出人流的活动行为轨迹及活动特征的分析来确定街道动线空间场所，能够合理组织动线空间及其他停留空间，能够避免不同流向的人群混杂及交织。

街道两侧建筑的入口影响街道公共设施的布局，也是我们确定街道公共设施布局的依据。首先通过建筑入口的位置来分析人流进出及人流活动的规律，然后确定街道动线空间位置，在动线空间范围以外的街道空间是我们布置街道设施的最佳选择，这样能够保证流线空间的通畅，同时有利于休息游憩的人群使用公共设施。

2. 动线空间

动线空间主要是指在街道空间里车流及人流穿行的空间场所，或是说供车辆行驶及行人移动的空间。

在街道空间组织过程中应注意分析街道上人流、机动车流、非机动车流行为轨迹的特征及交通流量。根据这些分析，对应不同行为需要，尽可能避免相互交叉干扰，确定不同的动线空间规划设计。

1）人流、车流动线空间分离

我们也常说人车分流，也就是人行与车行各行其道，避免相互交叉干扰。

• 人行与车行不完全分离

同一平面上实行人车分流，是一种不完全分离的形式，即在同一水平层次上设人行道、自行车道、汽车道、公共汽车专用道，常常设有绿化带进行分隔（如图5-4所示）。

图 5-4　美国加州旧金山市场大街开放性的骑楼及宽广的人行道，人车分流的街道形式

不完全分离能够基本上使不同性质的流动各行其道，但是局部上也有流线（或称为动

线)交织的现象，主要是人行与车行的交织，交织处往往使不同性质的交通相互影响。这种交织一方面影响了汽车交通，表现为汽车交通速度下降或停滞，严重时可引起汽车交通堵塞；另一方面影响了步行交通，主要表现为步行环境不佳，给步行者带来不适甚至是恐惧，有时会造成交通事故。主要解决方法如下：

(1)在街道道路路面铺装设计中注重以行人为本的理念，可以采用粗糙铺装设计，以降低车速保障行人安全。

(2)在道路的一定位置划出人行横道线，步行者在车辆没有驶近的时候及时通过。这个办法并不能够解决问题，可能由于步行者或驾驶者判断错误而形成交通事故，因此人行横道线处成为事故多发地段。

(3)设置人行信号灯，在规定的时间内容许步行者通过车行道而汽车则停止行驶。这样能够解决车行与人行的矛盾，避免交通事故的发生。对于以汽车交通为主的城市，这种方法可能对汽车交通不是太有利。但是我们应该提倡以人为本，以步行者优先的观念，解决人行交通问题，为步行者提供舒适的城市环境，这有利于城市的可持续发展。

(4)我国很多大城市采取人行天桥及地下人行通道，这可以解决人车交织的矛盾。但是，人行天桥及地下人行通道设计的理念是汽车优先，出发点是保证城市汽车交通快速行驶，相对来说步行者则是其次的。一会儿上天，一会儿入地，这给步行者带来了极大的不便。人行天桥对街道空间及其景观的影响是显而易见的，街道空间因天桥的阻隔而变得破碎，街道空间的连续性被破坏，街道的尺度因人行天桥介入而被改变，人行天桥的介入使并不宽的人行道变得更加狭窄。

- 人行与车行完全分离

人流、车流立体分流是人车完全分离的形式之一，也就是在不同水平层次上分离人流及车流，如高架车行道、地下车行道、步行街道，也有在同一平面空间里形成完全禁止车辆通行的步行系统及步行街区(如图5-5(a)、图5-5(b)所示)。

(1)高架车行道或高架快速车道给城市空间带来最大的问题是对城市街道空间及景观造成不良的影响。在街道中间，高架道路遮挡了街道两侧的沿街建筑，破坏了城市建筑景观及街道景观的连续性，粗壮的没有修饰的高架道路的介入破坏了原有的街道尺度。

(2)完全分离的另外一种形式就是在街区内设立徒步区(步行街区)，基本上在步行区内禁止机动车出入，机动车辆在街区外围行驶或停车。步行街区通常分为完全徒步区或不完全徒步区。在完全徒步区内，24小时限制车辆进入，不完全徒步区是在一定时间段禁止车辆进入，不完全徒步区必须依靠行政管理措施才能够实现。

(3)步行街道的另外一类特殊形式是地下步行街道。这种形式的步行街道一方面联系地铁站点、其他交通换乘点及交通转换点周边的高层建筑，另一方面依托这些联系的步行线路形成地下步行街道。这一类步行街道的设计及建设应该注意的问题是城市地下步行空间与地铁交通站点、其他交通换乘点、周边高层建筑及周边大型公共建筑的整体规划设计及整体建设。各自为政的设计方法及开发建设方式会导致城市空间的无序及紊乱，更不可能形成联系每个地下空间区域的系统的地下街道空间。

2)人流动线特征及人行动线空间设计

步行街区中人的流动行为及方式是我们设计人行动线空间的依据。人流动的行为是复

图 5-5(a)　人行与车行完全分离　　　　图 5-5(b)　步行街区

杂的，但是也是有规律可循的。通过观察人行活动行为，并发现规律，根据人行规律来布局或安排街道人行通道场所、街道空间的各类设施及其他活动空间场所。

- 避免不同人流方向的人群相互交织

    街道上行走人群的行进行为表现在以下几个方面：

    (1)直接进入某一商店，购物后直接步行离去

    (2)沿着街道一侧从一个店走到另一店

    (3)从一个商店出来穿过街道光顾对面的商店

    (4)并不进入街道两侧建筑内部，只在街道上漫步游玩

    根据以上四种行为轨迹分析，确定行人路线、设计行人路径，尽可能减少动线交织，避免产生紊乱的空间。有些交织点是不可避免的，要分析流线交织点的特征，组织动线空间及停留空间，避免在交织点处设置街道设施，以免对行人造成影响。

- 考虑人的行为生理需求，避免疲劳。

    在设计中要考虑步行街不宜过长，规模不宜过大，以免由于步行时间太久而引起生理上的疲倦。在规模较大、线路较长的步行街道里，一般 300 米左右就要设置休息的场所，并在流线空间中途形成停留空间(如图 5-6 所示)。

- 考虑人的行为心理需求，使流线空间给人以期待感。

    通常笔直的流线空间容易产生单调感，这是一个事实。设计街道空间时，曲折的街道比笔直的街道更有趣味性，传统的"步移景异"造园手法在街道设计中常常被使用。例如，图 5-7(a)所示为丹麦哥本哈根斯特洛耶步行街，它是一个历史街区，曲折的街道给步行

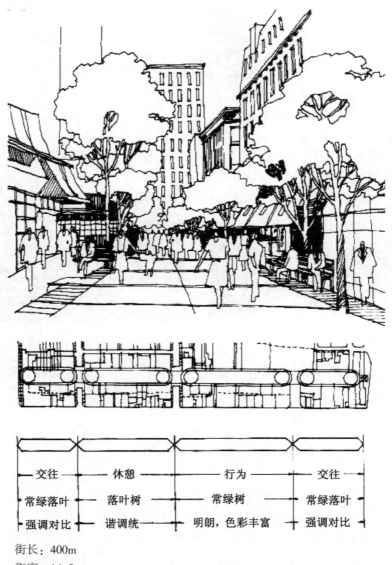

交往	休憩	行为	交往
常绿落叶	落叶树	常绿树	常绿落叶
强调对比	谐调统—	明朗,色彩丰富	强调对比

街长:400m

街宽:14.5m

步行街设计为四段,根据顾客的行为特征,各具不同场所的性质,街
内断绝汽车交通,设置绿化景观设施,环境舒适宜人。

图 5-6　日本横滨伊势佐木步行街

者带来了散步的乐趣及丰富的空间效果;法国巴黎的街道,曲线的街道及随街道形式而建
的曲面建筑都给街道带来了独特的空间效果(如图 5-7(b)所示)。步行街道中节点的安排
与设计、转折空间的处理都是具体的设计措施与设计手法,它们能够创造有趣味、富于变
化、使人充满期待的动线空间形态。

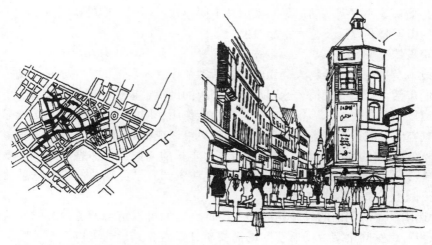

街长：1080m，街宽：6-8m，街道宽高比：0.5
利用 18 世纪以来建造的传统建筑和弯曲狭窄街道，增设街道设施，禁止车辆
通行，形成有地方特色的步行街。

图 5-7（a）　丹麦哥本哈根斯特洛耶步行街

图 5-7（b）　法国巴黎曲线形街道

3. 停留空间

　　街道上的停留空间主要是指街道上各类公共活动所需要的场所空间，例如休息空间、街头表演场所、聊天的场所等。停留空间通常也可以与空间节点、空间转换点结合起来形成一个空间整体。停留空间设计涉及分析的问题表现在以下几个方面。

　　1）活动功能分区

　　适当的功能分区，能够为不同活动、不同年龄的人群提供对应的场所空间。分析步行街上人群的活动，例如街头表演、闲聊、看热闹、休息、晒太阳、乘凉、小孩玩耍、下棋、打牌、喝茶等，根据活动的不同来设计不同形式、不同尺度的空间，对应不同的需要设计不同的街道公共设施及艺术小品（图5-8）。

2）街道设施

这些设施是步行者、购物人群和闲逛者活动及休息所需要的，也是良好街道空间所必需的，它们包括：舒适的桌椅、遮阳及避风挡雨的设施、报栏、广告通知牌、电话亭、垃圾箱等街道设施。这些设施不仅具有各自的功能作用，同时也是空间的构成要素，它们可以起到分割空间、联系不同空间的过渡作用，更可以成为空间中心作用的要素。

- 在人群能够停留的场所及节点布置座椅，为步行的人群提供休息的地方。座椅适宜布置在僻静、受行人干扰少的地方，同时也要注意到有景可观的位置对休息的人群是非常有吸引力的（如图5-8(a)所示）。
- 街道中遮阳、避风挡雨的设施是必不可少的，它们可以结合街道两侧的建筑设置，也可以在步行街空间里结合场所空间的需要单独设置，其形式可以有亭、廊、遮阳伞等（如图5-8(b)所示）。

图5-8(a)　街道座椅　　　　　　　　　图5-8(b)　街道遮阳设施

- 报栏、广告牌在街道里具有独立的功能，同时它们还能够作为划分不同场所空间的要素。可将它们结合到其他建筑中进行整体设置，例如结合报亭、公共汽车候车亭、休息亭、建筑的立面等。
- 街道中的广告牌设计切忌杂乱无章，要系统设计，不可随意设置在街道中间，以免影响街道的行人及活动的人群。应该结合街道景观设计来考虑广告牌的位置、大小及广告牌本身的设计。广告牌的体量切忌过大，避免遮挡建筑立面，破坏建筑景观。广告牌的内容要有所选择，要与街道两侧建筑的功能、街道文化氛围吻合。
- 花坛、喷泉及雕塑为街道提供了美好的景观作用，它能够吸引行人驻足停留，它们应该被布置在街道的节点中心、广场中心及休闲空间里。花坛也可以被用来作为划分及分隔空间的要素，用它来组织各个空间及场所。如图5-8(c)所示，在街道空间的转换中，花坛、喷泉及雕塑能够发挥重要的作用，它们能够吸引步行者的视线并引导人流，在具体的设计中，通常花坛、喷泉及雕塑布置在街道转折处、街道交叉口、人群视线交会处（如图5-8(d)所示）。

图 5-8(c)　街道转角处花坛

图 5-8(d)　街道喷泉

3) 街道植物的作用

街道植物在街道空间中的作用是非常大的，它们可以是街道空间的组成要素、也可以是空间景观的构成要素，同样为街道空间生态环境的改善发挥重要的作用。

● 街道植物形成空间。

植物是形成街道停留空间的基本元素。例如，围绕大树形成场所空间，依靠绿篱布局的座椅形成了休息的场所。

植物是分隔及组织场所空间的要素，通过植物的分隔形成不同层次、不同私密要求的空间，创造丰富的空间效果。在具体设计中，根据空间尺度与开敞度的需要来选择乔木灌木种类。

● 植物是美化空间的元素。

通过乔灌木的搭配、不同色叶搭配、不同花灌木的搭配形成丰富的景观。

● 植物可改善生态环境。

在夏季，植物能够起到遮阳及调节气温的作用，带状绿地能够形成风道将凉爽空气导入城市，改善城市小气候；在冬季，乔木及灌木植物能够形成各种风障挡住寒风的入侵。

4) 停留空间与动线空间各自的独立性及相辅相成的关系

停留空间与动线空间既要相互分离又要联系紧密，在具体的设计中应该注意以下几方面的问题：

(1) 在设计中要避免动线空间穿越停留空间。

(2) 避免在建筑入口、人流必经之处设计停留空间。

(3) 避免在动线空间里设置座椅等其他街道设施。

(4) 注意动线空间与停留空间的有机联系。

5.1.2　步行街的空间序列组织

步行街空间应该遵循序列组织原则进行组织，这样才能够建立街道空间的秩序感。通常的序列是由序曲、主体、高潮及结尾构成，这样的设计能够提供具有期待感的空间、层次丰富的空间及富于变化的空间，同样也可使得街道有序化。

最完美的例子是意大利佛罗伦萨联系旧桥到佛罗伦萨大教堂的街道，它是由美第奇家族在 1560—1574 年建造乌菲齐时所建造的街道。当人们从城外经过河岸空间行进时，这是一个由自然向城市过渡的序曲式空间；经过长长的街道空间来到了德拉·西尼奥拉里广场，人们经历了主体式空间并在该广场处形成小小的高潮；继续前行最后到达佛罗伦萨大教堂，它成为整个街道乐章的高潮。如图 5-9(a)、图 5-9(b)、图 5-9(c)、图 5-9(d)、图 5-9(e)所示。

图 5-9(b)　佛罗伦萨旧桥

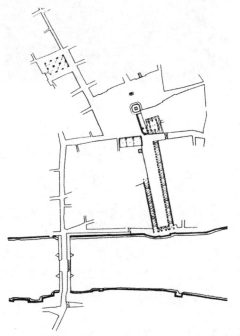

图 5-9(c)　乌菲齐美术馆

图 5-9(a)　佛罗伦萨旧桥到佛罗伦萨大教堂的空间序列

图 5-9(d)　德拉·西尼奥拉里广场　　　　图 5-9(e)　佛罗伦萨圣母百花大教堂

5.1.3　步行街道的规模

街道的规模主要指街道的长度。在一些研究中认为街道连续不间断长度的上限大概是1500 米，超出了这个范围，人们就会失去尺度感。凯文林奇的研究认为街道是被一系列节点激活的路径，这些激活点或节点的间距应该为 200~300 米。前者主要是以人的视知觉的感受来衡量街道的长度，而后者则主要从人的心理、生理感觉上来衡量街道的长度。当街道比较长时，根据人的心理生理要求感受来设计节点空间，形成停留空间及休息空间。

在街道设计中可以通过广场、街道拓宽、交叉路口、街道中的建筑小品（牌坊、门楼、花坛）、对景建筑等来中断街道的连续，形成节点空间，这样能够使步行者驻足停留休息。从图 5-10 中我们可以看到一定距离街道的尽头设置开阔的空间或是广场。

图 5-10　街道节点广场

街道设计中应注重步移景异的空间景观效果设计，这有助于减少因街道规模过大而导致步行者产生疲劳感。

5.1.4　步行街汽车交通停车空间的布局

步行街区最重要的问题之一是汽车交通停车问题，它包括汽车交通的停车场、公共交通的停靠站等。

停车场一般布局在步行街的出入口附近，并且有多个步行出入口与步行街相连。在规模较大的步行街区应该设置多个停车场，以便人们从各个方向进入步行街区，避免人流过分集中在某一个出入口，同时也方便来自不同方向车辆的停放。一般步行街出入口的间距在 600 米左右。

也可以在与步行街道平行的背街设置停车位来开辟停车空间。

步行街区出入口附近应该设置公共交通的停靠站，以避免步行者因行程过长而引起疲劳。

5.1.5 步行街道的防灾设计

街道是灾害来临时的重要逃生通道及避难场所，逃生通道指示装置应该明确，指示正确。在步行街道逃生路线上避免设置障碍物，尽可能减少袋状尽端路。步行街道节点更应拓展空间形成小型广场，在灾害来临时可做避难场地。

步行街道设计中，在重要大型公共建筑入口处一定要空出用地形成广场公共空间，以免大量人流进出及非常时刻造成街道拥堵而出现踩踏事故。

火灾来临时，步行街道成为重要的消防通道。在步行街道设计中要考虑消防通道，在消防通道上要避免一切障碍物的存在，如街道空间里的花坛、座椅、广告栏、雕塑、通信设施及市政设施的布局都应该在消防通道以外的空间里。此外，步行街道地面的设计中，尤其要注意的是在步行街道的消防通道范围内应该禁止设置台阶或踏步。当然消防设施在步行街道中也是要考虑的，所以在步行街道中，设计隐形的消防通道是必要的也是必需的，所谓隐形的消防通道就是在步行街道中设置一个线性的场所空间，在这个空间里没有任何障碍物，也没有地面高差的变化。

步行街道也要注重急救车的通过，通常急救车与消防通道一并考虑。

5.2 广场空间的组织与分析

广场空间根据功能要求不同，其功能布局不同，空间组织也有很大的差异。广场上一切与视觉要素相关的物体都影响了广场空间的形成及空间特征。广场周边的建筑功能、建筑内功能布局、建筑内空间安排等也对广场空间的组织有决定性影响。因此广场周边的建筑功能及建筑布局是我们设计广场的主要依据。

广场四周的建筑对广场的空间效果、广场空间特征及其景观起着重要的作用。因广场四周建筑围合、建筑造型、建筑色彩、建筑风格决定或影响广场的空间特征、空间风格及空间效果，广场尺度也应与周边的建筑尺度相关联。

广场中人群的活动内容、流动特性规律是我们组织广场空间的重要依据，如今车流及停车问题也是我们在广场设计中要充分考虑的问题。

5.2.1 广场与建筑

1. 广场周边建筑的功能

广场的功能作用往往与广场上的建筑功能吻合。广场为其周边建筑的出入人群服务，因此，广场的使用功能、广场上的活动及广场的氛围都取决于周边建筑的使用。

若广场上有宗教建筑、市政厅、议会厅、图书馆等建筑，在欧洲通常称这类广场为市民广场，它是举行宗教仪式及各类民俗节日庆祝活动的场所。

若广场上有纪念建筑，这类广场为纪念性广场，广场为纪念性建筑服务，在广场上举行纪念性活动，为突出纪念性建筑留出视觉空间供人们瞻仰，例如北京天安门广场。

若广场上有各类剧院、餐厅、咖啡及商业建筑，通常这类广场为娱乐休闲广场。

各类大型公共建筑前留出空地形成广场，例如大型办公楼、美术馆、博物馆、商店等，一方面满足大量人流进出的需要，另一方面满足一些文化集会活动的需要，同时也成为人们休息及娱乐活动的场所。

2. 广场内建筑布局与广场的形态

广场周边建筑的布局决定了广场的空间形态，有时候广场的形态也对建筑布局产生决定性影响，建筑布局与广场是相辅相成互为因果的。

1）建筑布局与广场的平面形态

- 建筑以地块中心为圆心沿弧线布局，并围合成圆形、椭圆形或弧线形广场（如图 5-11(a)所示）。
- 不规则形的广场，使建筑沿着不规则地块边界布局，其布局形式完全由广场边界决定（如图 5-11(b)所示）。

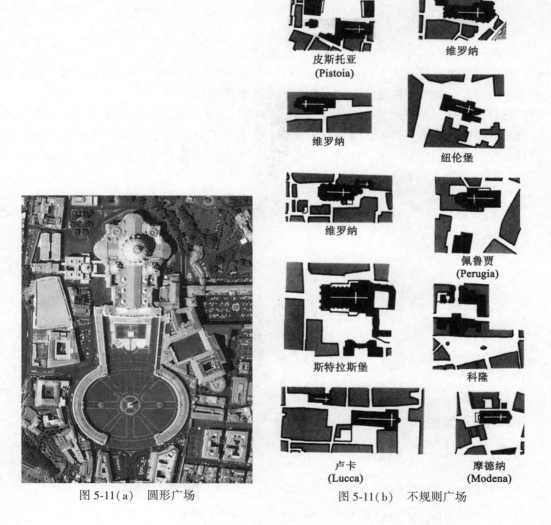

皮斯托亚
(Pistoia)

维罗纳

维罗纳

纽伦堡

维罗纳

佩鲁贾
(Perugia)

斯特拉斯堡

科隆

卢卡
(Lucca)

摩德纳
(Modena)

图 5-11(a)　圆形广场　　　　　　　图 5-11(b)　不规则广场

- 四幢建筑沿规则长方形场地的边界布局，它们能够围合成长方形广场(如图 5-11(c) 所示)。

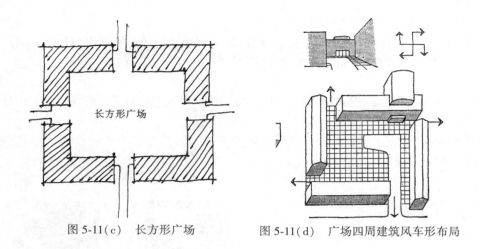

图 5-11(c) 长方形广场   图 5-11(d) 广场四周建筑风车形布局

2)建筑布局方式决定了广场的开阔及封闭程度

- 广场四周建筑如风车式布局如图 5-11(d) 所示，广场每个角的开口对着一面墙，无论从哪个角度看，视线都被建筑封闭，这样的空间感觉是封闭的。
- 广场建筑布局四角封闭，形成围合空间，轴线上开口，轴线焦点处布置花坛、喷泉或雕塑形成视觉中心和对景，具有空间集聚性。这类广场空间有一定的开敞度，同时也具有相对封闭的空间效果。此外，两角封闭，另外两角敞开也能够达到以上类似的空间效果(如图 5-11e 所示)。

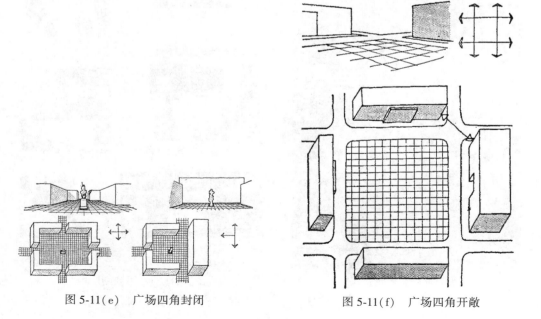

图 5-11(e) 广场四角封闭   图 5-11(f) 广场四角开敞

- 建筑布局如图 5-11(f)所示，四角敞开，广场具有开敞性。有时广场围闭的感觉太弱，会影响广场的空间效果及使用。四角敞开，与周边建筑缺少联系，行人及车辆很容易出入，广场成为交通岛。
- 建筑如图 5-11(g)布局，广场四角敞开，但是只有两条街道穿过，广场依靠两座平行排列建筑形成广场边界，其空间效果比图 5-11(f)要好。

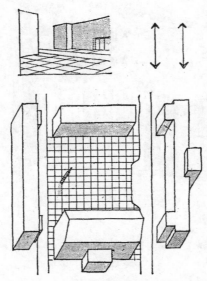

图 5-11(g)　广场四角开敞且有两条街道穿过

3. 广场与建筑的尺度

广场尺度总是与建筑尺度相匹配，大尺度的广场其周边建筑应该是大尺度，小尺度广场也应该是相应小尺度的建筑。广场与建筑尺度不匹配会出现以下问题：

(1)广场太大而周边建筑太低，广场边界围闭的感觉降低，广场尺度难以把握，人们在广场中将会自我感觉渺小而无所适从。

(2)建筑太高超过一定限度，人们在广场中会有压迫感。

因此，广场与周边建筑尺度是相辅相成的，要创造一个适宜尺度的空间则必须考虑其周边建筑的高度。在广场一端，去观看主要建筑视野的垂直角度为 18 度时，理论上是广场围合所需要的最小角度，也就是随着这个角度的增加，其封闭程度增加，低于 18 度，广场围合感逐渐消失。

现代超大尺度的广场对人是非常不适宜的。要改变这种状态的办法是对超大尺度的广场进行空间再分配及划分，形成不同活动的空间和场所，使空间尺度化整为零，通过不同小尺度的界面进行围合，创造宜人的空间。

5.2.2　欧洲文艺复兴时期的广场

1. 威尼斯的圣马可广场

1)圣马可广场在城市中的地位

圣马可广场是威尼斯的心脏，既是客厅又是剧院和招待贵宾的庭院，在这里可以举行集会、游行、礼仪、庆祝、表演甚至是执行审判。围绕广场的建筑有宗教的象征圣马可大教堂、政治权威象征公爵宫、司法机关法官官邸、文化建筑（S. Marco 图书馆），如图 5-12（a）、图 5-12（b）、图 5-12（c）所示。

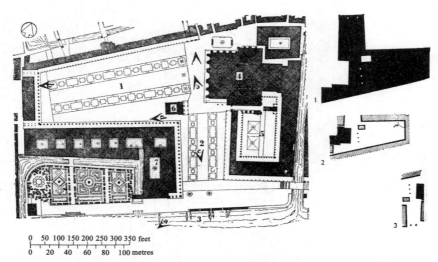

1—圣马可广场；2—Piazzetta；3—海；4—圣马可大教堂；5—总督宫；6—钟楼；7—图书馆

图 5-12（a）　圣马可广场平面图

图 5-12（b）　圣马可大教堂与钟楼

图 5-12(c)　圣马可靠海湾的小广场

2)圣马可广场的形态

圣马可广场是由三个梯形广场组合而成的复合形态广场,其中有东南角"入口处广场",再连接大的"主要广场",最后是靠海湾的"小广场"。主要广场呈梯形,广场南北长175 米、东边宽 90 米、西边宽 56 米。梯形广场在透视上起到了很好的视觉艺术效果。当人们从西边进入广场时弥补了透视现象,使空间变得开阔;从东南角进入时两个梯形广场加大了空间的透视效果,使广场空间显得深远,同样当人们从大广场进入靠海边的梯形小广场时,加大的透视效果也使空间延伸得更远,并将人的视线引向 400 米以外的小岛上,小岛上建设有 S-Giorgio 教堂(1560—1580 年),由安德烈·帕拉底奥 Andrea Palladio 设计,它与圣马可广场遥相呼应,互为对景。

3)圣马可广场的建筑及其作用

在这里还要重点讨论一下广场上几个关键性的建筑及构筑物,它们是组织或形成圣马可广场空间的重要元素。

- 圣马可广场不是一次建设完成的,事实上今天的圣马可广场经历了七八个世纪的陆续建设。起初在这里有两座教堂和一座收容所,在收容所的基础上产生了旧法官官邸,构成了广场北边边界。圣马可大广场东端是圣马可教堂,它有近一千年的历史。832年,威尼斯人在此建设了最初的教堂,后因火灾而毁,978 年又重建,今天呈现在我们面前的教堂是从 1063 年开始建设的,一直到 16 世纪,不断地被添加艺术装饰,使它拥有了多重风格。这座辉煌的教堂不仅构成了广场边界,更为重要的是它成了广场的视觉焦点,起到了统摄整个广场的作用。

- 大广场北侧的旧法官官邸在 1400 年至 1500 年之间被重新建设。16 世纪末开始建设大广场南侧的新法官官邸,历时一个世纪才完成了它最后的建设,形成了主广场南边的限定。

- 圣马可靠海湾的小广场的东侧是总督宫,从 9 世纪开始,它就是总督居所与管理机构,在那个时代,它是以拜占庭及古罗马的风格形式出现,最初的形态后来毁于火灾,随后进行了几次重建。今天的总督宫是在 1340 年开始建设的,直到 16 世纪才完成所有的工程，它带有典型的哥特风格，构成了小广场富有特色的东侧界面。

- 小广场的西侧是马可图书馆及铸币厂，它是在 16 世纪中叶由桑索诺维设计与建造。
- 圣马可大广场与海湾小广场的交接处有一个 96 米高的钟楼，在 11 世纪原来只是一个瞭望塔，16 世纪初建造了闻名于世的钟楼，但在 1902 年 7 月初突然倒塌，不过很快在原地重新建设了与原来一样的塔。这个钟楼位于大小广场的交接处，很好地起到了空间分隔与联系的作用，由于高度显著而使海上的船只能够看到它，因此也使它成为广场的标志性建筑。

此外，我们再来分析小广场南边两个纪念柱的作用，小广场南边的纪念柱一方面把人的视线引向大海，引导人流接近海岸，另一方面也是小广场南边的界线要素，形成并限定了小广场空间。

从以上分析我们可以看到建筑、钟塔、纪念柱恰当组织布局形成了完美的广场空间形态，同时建筑、钟塔、纪念柱的风格、色彩、雕饰形成了广场的特色。

1100 年开始建设广场，13 世纪首次在广场上以鱼刺骨的形式铺砖，而今天的铺地则是 18 世纪形成的。广场铺地的图案及形态加强了广场的空间效果及华丽风格的特色。

2. 坎皮托里奥广场（罗马市政广场）

坎皮托里奥是一座小山丘，古罗马时期是服务于城市政治及宗教的中心，也就是卫城。到了中世纪，这里有宫殿、市政厅和一座监狱，仍然具有中心作用。1536 年，教宗保罗三世把重新设计广场的工作委托给米开朗琪罗，但他只绘制了广场的蓝图就去世了（如图 5-13(a)、图 5-13(b)所示），在米开朗琪罗去世一百年之后广场才建成。

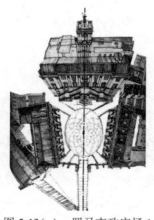
图 5-13(a)　罗马市政广场 1

图 5-13(b)　罗马市政广场 2

1）广场尺度及形态

坎皮托里奥（Campidoglio）广场（罗马市政广场）是文艺复兴时期对空间设计最得当的广场之一。广场前宽 40.5 米，后宽 55 米，深 79 米，是一个梯形广场。

2）轴线在空间组织中的作用

广场上由三座建筑来限定它的边界，它们是元老院宫、档案馆及博物馆。最初广场上的建筑只有元老院宫及与之成一定角度的档案馆，1540 年在档案馆对面以元老院宫的中轴线为基准对称地建设了博物馆，这样一来形成了对称形态的梯形广场。由此我们可以看到，轴线在这个广场空间组织过程中的重要作用是将原来混乱的建筑布局及空间变得有秩序了。

3）广场铺地图案及环绕台阶对空间的影响

广场构图最伟大的贡献之一是广场地块形状的调整，利用椭圆形的星形铺地图案以及广场周边的台阶围绕，使空间具有明显强烈的向心感和内聚力，从而使广场空间有了高度的统一感。此外，放射状及椭圆形铺地使广场更具有规则性。

4）建筑的作用

广场轴线左右两侧 20 米高的建筑采取了相同的立面形态以加强中轴效果，突出烘托了 27 米高的并不高大的元老院宫。

5）雕塑小品在广场空间建构中的作用

广场上其他的建筑小品设施，如中心的马可·奥莱利奥皇帝的骑马雕像及向坡地敞开的广场边界的雕塑，它们的布置都起到了限定广场空间、加强空间轴线及空间向心感的作用。

3. 罗马圣彼得广场

罗马圣彼得广场位于梵蒂冈城，两千多年以来一直是天主教中心。圣彼得在这里殉道，他的坟墓也在这里，后来皈依天主教的君士坦丁皇帝在此建了一座大殿，公元 500 年时西玛科教皇在大殿周围建立了第一座主教公署。1377 年，教皇从法国阿维尼翁放逐回到罗马后，教宗与教廷办事机构就永久设在了梵蒂冈（如图 5-14（a）、图 5-14（b）、图 5-14（c）所示）。

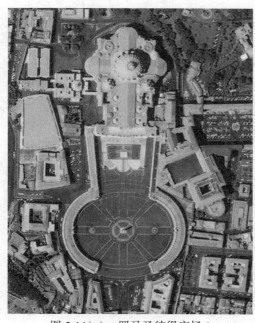

图 5-14（a）　罗马圣彼得广场 1

图 5-14（b）　罗马圣彼得广场 2

图 5-14（c）　罗马圣彼得广场 3

1) 广场空间的布局

广场是由巴洛克风格的天才建筑师詹洛伦佐·贝尔尼尼在1626年重新设计教堂正面时进行的设计。广场是由四排柱廊(贝尔尼尼圆柱)围合而成,它包括一个梯形广场与一个椭圆形广场;椭圆形广场宽度达240米、长度300多米,被称为博利卡广场(也称方尖碑广场),广场中央有埃及方尖碑,其长轴上方尖碑的左右各有两座喷泉;与方尖碑广场相连的梯形广场被称为列塔广场;广场西为长边并以教堂为边界,东为窄边与椭圆形广场相接,其宽度与教堂门廊相当(大约有70米),梯形广场的反透视作用弥补了透视错觉的视觉效果,当教徒站在方尖碑广场向教堂看去时,拉近了两者之间的感觉距离,增强了教堂宏伟的视觉效果。

2) 地坪标高对广场空间的作用

从街道经过几级台阶来到椭圆形广场,从椭圆形广场到列塔广场也是通过不断升高的台阶。圣彼得广场利用地面标高的不同来区分空间领域,塑造空间形成宗教所需要的空间效果。

3) 城市、广场与序列

圣彼得广场是城市的中心,也是世界的朝圣场所。当人们进入城市,又由街道进入广场时,应该通过一系列的引导和空间的变化最后到达场所中心,要符合宗教的逻辑及城市市民生活活动的逻辑。完美的引导空间及富于变化的空间能够体现或有助于体现这样的逻辑,圣彼得广场就是一个典范。越过城市边界的台伯河进入小尺度的街道,街道两旁是同样高度的建筑引导行人向前,直到鲁斯蒂库奇广场,这是圣彼得广场与街道的转换空间。继续前行,人们进入了圣彼得广场的博利卡椭圆形广场,最后到达梯形的列塔广场,展现在人们面前的是由围绕广场的巨柱烘托的高大的教堂。

4) 广场的建筑

圣彼得大教堂从1506年开始重新建设,先后由伯拉孟特(1514年去世)、拉斐尔、安东尼奥·达桑加罗进行设计,1546年又由米开朗琪罗设计成希腊十字形平面的建筑蓝图。1564年米开朗琪罗临终的时候只完成了教堂部分建设,最后根据教皇的意见由卡罗·马得尔若将教堂设计成拉丁十字形的平面,这一工程在1606年至1614年完成。教堂的圆顶则始终按照米开朗琪罗的设计建造。教堂带有庞大列柱的正立面一方面与围绕广场的列柱相呼应,另一方面成为广场比例的参照。

4. 罗马波波罗广场(人民广场)

波波罗广场经历了几个世纪逐渐形成。1589年,教皇西斯托五世命令在广场中央设立方尖碑;1679年,教皇亚历山德罗七世命令建造两座对称的教堂——圣山的圣玛利亚教堂和奇迹的圣玛利亚教堂;1813年,朱塞佩·瓦拉牒规划了广场,使之完善起来,并为教堂两侧提供了新建筑,还在广场的东侧利用山地设计了宾桥花园,花园与广场由大台阶、坡道及跌水连接(如图5-15(a)、图5-15(b)所示)。

1) 广场在城市空间中的作用

波波罗广场是城市入口的优秀范例,广场、广场上的建筑及其他构筑物都对城市空间的组织作出了重要的贡献。铁路时代前的几个世纪,波波罗广场接纳来自北边进入罗马城的人群,同样也是向北旅行者的出发点,它在历史上是罗马城的重要门户。终止于此的城内三条街道、城门以及东侧的山岗由广场空间统率起来。

图 5-15(a)　罗马波波罗广场 1

图 5-15(b)　罗马波波罗广场 2

2）建筑对广场空间的贡献

在广场空间中，其周边的建筑、方尖碑对广场空间具有绝对的烘托作用。两座教堂既是广场的一部分又属于街道，因此它们将广场和街道紧密联系起来。中心的方尖碑既是广场的焦点，又是城市街道空间组织不可缺少的标志性的要素。

5．罗马纳伏纳广场

罗马纳伏纳广场如图 5-16(a)、图 5-16(b)、图 5-16(c)所示。

图 5-16(a)　罗马纳伏纳广场 1

图 5-16(b)　罗马纳伏纳广场 2

图 5-16(c)　罗马纳伏纳广场 3

广场呈长条形，两端为半圆，广场长宽的比例约为 1∶5。因广场是在竞技场的废墟上建造起来的，所以其形状模仿了古代的多米齐亚诺竞技场。广场上有三个雕塑，中间是贝尔尼尼的四条河喷泉雕塑，两端各立有一座喷泉雕塑，分别为海神喷泉雕塑和黑人喷泉雕塑，广场上的主要建筑为圣女阿尼埃塞教堂、圣母圣心教堂以及两座宫殿。这个广场最引人注目的就是这几个喷泉雕塑，它们支配着整个广场，也使广场具有了与众不同的特色。为什么这个广场的雕塑以水为主题呢？其原因可能是从前广场为凹陷的，人们将凹陷处注满水之后，可以在广场上举行战船表演游戏。

广场上的雕塑是广场空间组织的关键，起到了决定性的支配作用。由于雕塑吸引视线的作用，改变了广场过于狭长的空间效果及纵向轴线的作用。此外，教堂的地位也因为雕塑的作用而被确立。

6. 罗马西班牙大台阶

此广场是由一座教堂、大阶梯、山下的小广场及一个喷泉构成的。教堂在山上，三个层次的大台阶将它与山下的小广场及街道联系起来。三层级大台阶垂直高差达 20 米，长达 80 米，最宽处达 25 米，平面呈花瓶状，时分时合，空间尺度收放有度，序列空间变化丰富，整个大台阶不仅是通行空间，更是公共活动空间。对着台阶在小广场上有一个"破船"喷泉雕塑，它是贝尔尼尼的杰作。

这个例子告诉人们，当用地比较局促，受地形地貌限制时，设计要因地制宜，变不利因素为有利因素，依山就势的设计一样可以取得很好的空间效果及独特的城市景观，大台阶可以代替广场成为城市公共活动场所并能够突出教堂的地位。

7. 佛罗伦萨安农齐阿广场

1）广场布局及空间

安农乔阿广场是文艺复兴时期与建筑一起作整体设计的广场。广场平面为矩形，宽约 60 米，长约 73 米。广场小而亲切，四周建筑立面风格统一协调。广场的三面是由柱廊构成，这些柱廊联系三面建筑形成了一个整体。虽然广场三个角是敞开的，但是与三个角相连的街道很窄，有两个出口都带有拱廊，因此广场三面的建筑在视觉上仍是连贯的，广场具有封闭感（如图 5-17 所示）。

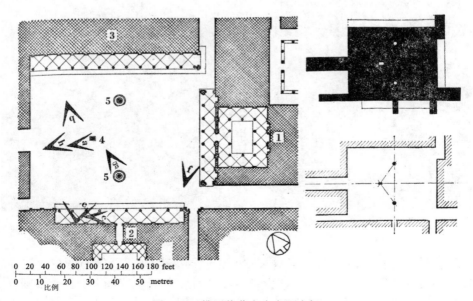

图 5-17　佛罗伦萨安农齐阿广场

广场上的建筑由文艺复兴时期的名家勃鲁乃列斯基设计，他设计了广场左侧的育婴堂，阿尔伯蒂设计改造了教堂的立面。

2）广场雕塑、喷泉对广场空间的贡献

广场中心轴线也就是桑蒂斯玛安农齐阿教堂的中轴线上布置了与广场尺度适宜的费笛南德大公骑马雕像，在育婴医院中心轴上布置了两个小型喷泉，三座雕塑与喷泉呈三角形构图，加强了广场空间的整体性，同时也丰富了广场的空间效果。

8. 佛罗伦萨的德拉·西尼奥拉广场

佛罗伦萨的德拉·西尼奥拉广场的主要部分在 1288—1314 年完成，它保持作为佛罗伦萨的城市中心地位超过 6 个世纪。广场呈现出类似 L 形或可以看成由两个广场空间组成的 L 形广场，有三条街道通向广场，但并不直接穿过它，这使得广场具有围合感（如图 5-18（a）、图 5-18（b）所示）。

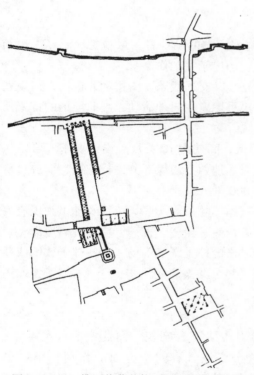

图 5-18（a）　佛罗伦萨德拉·西尼奥拉广场 1　　　　图 5-18（b）　佛罗伦萨德拉·西尼奥拉广场 2

广场上有三座重要建筑，其中韦基奥宫在主广场空间西边突进，主广场空间的北部则是乌菲齐宫的管理建筑。

广场上的雕塑为统一大小广场空间、联系城市街道及城市街道另一端的佛罗伦萨大教堂起了重要作用，骑马雕像布置在小广场边界的中心点，并平行于韦基奥宫东立面，这个平行线向南延伸就是佛罗伦萨大教堂的穹顶。海王星喷泉处于韦基奥宫角落的 45 度方位，成为 L 形广场枢轴的支点以及两个广场的联结点，可见喷泉及雕塑在两个广场空间组织及空间转换中起到了重要的作用。

9. 巴黎旺多姆广场(1699—1701 年)

广场为抹去四角的矩形,长 141 米,宽 126 米。大道从此经过,广场中央原有路易十四的骑马铜像,法国大革命后拆除,1806—1810 年拿破仑为自己建记功柱。广场周围是一色的三层古典主义建筑,底层为券柱廊,廊下为商店,上面为住家。

5.2.3 现代广场

现代广场的例子很多。现代广场成为组织与联系周边建筑的重要空间,由于城市空间及建筑功能的复杂化,使得广场空间成为满足多种功能的复合空间。因此,现今的广场空间设计,更注重人在广场上复杂的活动和广场中活动场所空间的布局及分离,因此广场空间层次变得比较丰富,利用各种隔离要素及标高的变化来分隔空间以满足各类活动及不同动线的需要。

1. 美国波特兰市先锋法院广场

先锋法院广场设计在 1980 年获得国家级竞赛奖,它的设计者为威拉德·马丁,他领导的设计小组中包括了建筑师、艺术家、雕塑家、历史学家和作家。

广场位于市中心,原来是一个停车场,东边是公共交通线路,南边和北边的大街规划为轻轨线路。波特兰市多雨,在天气晴朗时,市民都愿意在户外活动,因此广场的首要任务是满足人们进行户外活动及呼吸新鲜空气的需要。

整个地块面积为 200 英尺×200 英尺,东高西低,高差为 19 英尺。设计要求人可以从四周进入广场,并因地制宜,利用地势高差变化对场地西南边缘部分进行挖掘,形成台阶与一个上升式的广场,上升的广场地面面积为 17000 平方英尺。

广场包括公共空间、餐馆、票房、纪念品出售屋、喷泉等。广场建筑及柱子为现浇混凝土结构,并采用一些青铜与铝构件,铺装材料有灰砖、瓷砖、青铜、琉璃砖。地面、台阶和基础面采用稍亮的红橙色。设计采用了希腊风格的柱子围绕广场,有些柱子放倒或残缺,候车棚也采用相同风格的柱子,因为设计者认为公共聚会场所多源于希腊文化(如图5-19 所示)。

2. 蒙特利尔市中心某广场

该广场是一个具有多种功能的广场,广场周边建筑有剧院、商业中心、美术馆,同样它也联系地下空间及地铁站口出入口。这个广场具有四个方面的作用,第一个作用它是美术馆、剧院及商场入口前的重要的集散人流的空间;第二个作用它是城市重要的公共空间,为街道行人、休闲的人群提供了休息、娱乐的活动场所;第三个作用是街道的重要节点空间;第四个作用是通过广场空间来组织周边的大型公共建筑及城市空间。

因为广场有多种功能需要,将广场空间划分为不同的空间场所,空间非常丰富。广场通过不同的高差平面、水池、花坛、绿地、铺地、地下空间的入口及采光口来划分组织不同的空间场所,每个要素都成为形成与组织空间的元素(如图 5-20(a)、图 5-20(b)、图 5-20(c)所示)。

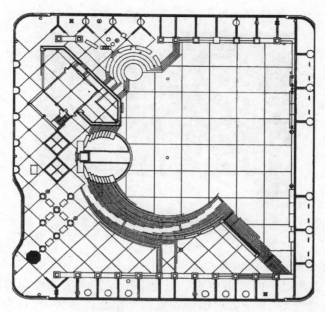

图 5-19　美国波特兰先锋法院广场

图 5-20(a)　加拿大蒙特利尔市中心某广场 1

图 5-20(b)　加拿大蒙特利尔市中心某广场 2

图 5-20(c)　加拿大蒙特利尔市中心某广场 3

3. 法国巴黎列阿莱(Les Halles)广场

列阿莱街区自古是巴黎的城市中心，历史上历经了多次建设与改造。12 世纪 80 年代，列阿莱曾被建设为由 10 座方形钢构农贸市场组成的被誉为"巴黎之腹"的中央菜市场；到 1970 年代，随着中央菜市场拆迁并结合巴黎轨道交通的建设，列阿莱被改造为由地上地下多层商业综合体、多条轨道线路汇聚的交通枢纽和城市公园组成的高度复合的综合性城市广场，此次改造实现了商业空间向地下发展、轨道站点与商业建筑的整合、留出空地建设城市公园等建设目标；到了 2010 年代，由于该地区交通人流庞大、建筑物结构老旧、社会治安问题等原因，列阿莱经历了最新一轮的升级改造，试图通过交通与公共空间的再组织来重塑列阿莱地区的多重城市要素的秩序与逻辑，进而希望通过这个城市局部自下而上对城市整体进行整合，发挥列阿莱在城市整体空间体系中的重要作用。该项目于 2016 年建成，列阿莱广场已被改造成为一个融合购物中心、轨道交通枢纽、文化设施、公园绿地等多种功能，同时又与周边城市空间具有良好联系的全新的现代化城市公共空间。

1) 广场区位及其与周边城市公共空间的关系

列阿莱广场位于巴黎最古老的街区——巴黎第一区内，其周边区域分布着众多历史建筑、公园、广场等标志性城市公共空间。列阿莱呈东西向轴向布局，沿轴线向东连接蓬皮杜艺术中心与富日广场，向西通达小皇宫；向南联系卢浮宫、巴黎市政厅西堤岛等重要城市空间(如图 5-21 所示)。列阿莱广场是巴黎城市公共空间体系中的重要节点空间，对于衔接周边城市空间发挥着关键性作用，它已成为一个通往巴黎心脏的桥梁。

2) 广场空间的形态与布局

列阿莱广场为规则的矩形广场，东西长约 470 米，南北宽约 170 米，四周被城市街道所围合(如图 5-22 所示)。本次改造的设计主题是"比一座街心花园大，比一座公园小"的城市中的林中空地，总体布局采用东西向轴线布局形式，沿轴线由东向西依次为列阿莱天篷购物中心、绿地公园与 bourse du commerce 交易所收藏博物馆，其中，居中心位置的是占地约 4.3 公顷的城市绿地公园。广场的南北界面由城市街道界面来限定，其中北侧界面有一处重要历史建筑——Saint-eustache 教堂。

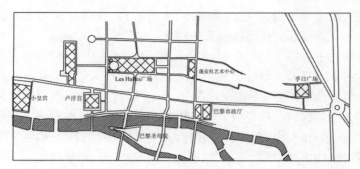

图 5-21　空间区位图

（来源：根据 https：//www. amua. fr/projets/reamenagement-forum-halles 改绘）

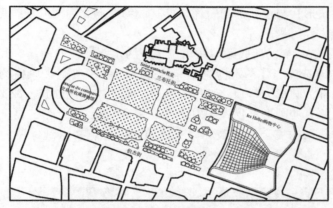

图 5-22　广场总平面

（来源：根据 http：//parisfutur. com/projets/le-nouveau-forum-des-halles 改绘）

3）交通出行流线组织

　　列阿莱广场区域是巴黎核心区的交通枢纽，汇集 3 条区域铁路、5 条地铁线路及 14 条公交线路，日均客流量超 80 万人次。基于如此庞大的交通流量，合理的交通流线组织是极其重要且关键的问题。本次提升改造后，列阿莱广场已建成了以步行与轨道交通为核心的多模式交通出行体系，同时通过交通空间的再组织也实现了区域内外各种城市要素的整合。

　　在步行系统方面，以"创造最大可能、最大自由的步行流线与空间"的理念，东西向步行主轴线连通了从蓬皮杜到达小皇宫的地面步行路径，强调从公园到西侧半地下商业购物中心的步行轴线。南北向步行路径延续了周边街区街道的肌理，是周边街区步行系统的延伸，实现了广场内部步行道路与周边街区空间的整合。整体上形成了以公园为中心的地面步行网络，并完整地衔接了周边城市街区。在轨道出行方面，地铁站点结合商业购物中心下沉广场、地面层绿地公园设置，通过自动扶梯、台阶、楼梯等多种竖向交通形式与地面步行系统相连接。

4）广场上的标志性建筑

列阿莱广场上的重要建筑有三座（如图 5-23 所示），分别是列阿莱购物中心、圣尤士坦教堂和 Bourse du Commerce 交易所收藏博物馆。

列阿莱天篷购物中心位于广场东西轴线东端，是广场空间的标志性建筑。在此轮改造建设中，将原有的下沉露天广场改造成为巨大通透的玻璃天篷"Ramblas"，通过统一的大屋顶对区域内众多复杂琐碎的空间要素进行有效的整合，创造出大尺度整体性通透的建筑空间形象。玻璃天篷的建筑外形是对起伏延绵的丛林树冠形态的抽象与象征，钢构件网状结构隐喻了树木枝干的相互交叠，同时通透的玻璃材质将自然光线引入下沉广场及建筑室内空间，为使用者营造出林中漫步的空间氛围。同时，在大屋顶的统一下，原有的露天下沉广场变为建筑灰空间，原有回廊式商业空间转变为集中式，同时其交通功能与出行流线组织也变得简单而清晰。

圣尤士坦教堂位于广场北侧，是文艺复兴开始前巴黎修建的最后的哥特风格教堂，其令人印象深刻的建筑形式与宏伟的建筑体量使其成为广场北界面的视线焦点，同时也是广场南北轴线上的标志性对景。

Bourse du Commerce 交易所收藏博物馆位于广场东西轴线的西端，其前身是巴黎证券交易所，2016 年被改造为当代艺术博物馆。这是一座新古典主义风格的历史建筑，采用圆形平面布局，顶部为圆形大穹顶，是传统的对称集中式构图建筑。改造建设充分尊重建筑的原始结构，在原有的圆形穹顶大厅内插入了一个直径为 30 米、高度为 9 米的混凝土圆筒结构，植入的新结构完全没有破坏原有建筑，旧建筑在得到保留的基础上也获得了新生。

图 5-23　列阿莱广场鸟瞰

（来源：http：//parisfutur.com/projets/le-nouveau-forum-des-halles/）

4. 荷兰乌特勒支中央火车站广场

荷兰乌特勒支中央火车站是荷兰最大的铁路交通枢纽站。中央火车站位于老城与新区的交界处，其东部是历史风貌老城中心区，西部是城市新区。自 2002 年以来，乌特勒支中央火车站地区进行了近 20 年的 CU2030 城市更新改造计划，其目标是加强老城中心与西部新区的联系，降低铁路对城市空间的阻隔，梳理交通流线，提升城市基础设施，增加地区吸引力。中央火车站站前广场分为连接老城中心的东广场和联系城市新区的西广场，二者共同构成了火车站地区兼具交通、商业、文化、娱乐等多种功能的城市公共活动中心。

1）火车站与城市空间的关系

乌特勒兹中央火车站是多种交通方式的综合换乘中心，同时也是连接东部老城与西部新区的重要纽带。通过对火车站地区的改造更新，从交通流线及空间组织等多方面，提升火车站与周边城市空间的关联性与整合度（如图 5-24 所示）。

图 5-24　火车站地区整体空间

（来源：https：//www.gooood.cn/utrecht-central-station-by-benthem-crouwel-architects.htm）

在交通流线方面，火车站地区汇集了火车、轨道、公交巴士、自行车、步行等多种交通出行方式，通过对各类交通流线的梳理、站前广场的改造，形成了连接城市东西两区的连续的慢行体系，同时实现了多种出行方式的无缝换乘（如图 5-25 所示）。具体而言，利用两条跨越铁路的慢行通道连接城市东西两区，其一是设置在火车站大厅外侧横跨铁轨的半室外公共步行通廊，东西两端分别联系火车站东西站前广场；其二是高架于铁轨之上的Moreelsebrug 步行桥，蜿蜒延伸至城市街道。这两条慢行通道已不是传统上狭义的基础设施，而是具有城市广场功能的线性公共空间，同时也是高品质城市空间的延伸，完整而连贯的空间体验弱化了空间转换，形成了与城市街道的自然流畅的连接。

在空间组织方面，以中央林荫步行道及站前广场作为慢行主要轴线，以旧运河滨水街道和火车站南侧步行桥为次要轴线，串联起西部城市新区、中央火车站与东部老城中心。站点地区重要的公共建筑与公共空间多数布局在主次轴线两侧，整体空间组织呈现出明显的水平向串联方式的特征。

2）火车站西广场——立体分流的活力场所

火车站西广场由两个不同标高的广场组成，其一是位于抬高层的火车站平台广场，其二是位于地面层的 Jaarbeursplein 广场，二者通过高差近 8 米的大台阶进行连接（如图 5-26 所示）。西广场整体平面形态近似矩形，周边布局着重要的城市级公共建筑：东侧为火车

站大厅与市政厅大楼，北侧为 Jaarbeurs 会展中心大楼，南侧为 Beatrix 剧院，西侧为 TNT
大厦与 Amrath 酒店。

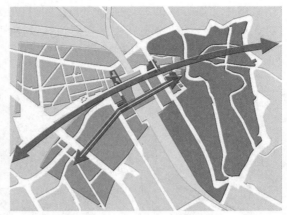

图 5-25　火车站地区两条轴线
（来源：https：//oud. cu2030. nl/images/2014-04/samenvatting-masterplan_1. pdf）

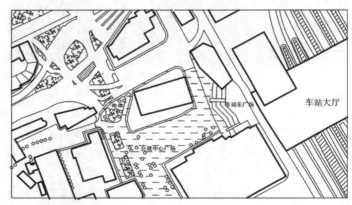

图 5-26　西广场总平面图（依据 Google 影像改绘）

- 交通流线

　　火车站西广场是中央火车站西侧的门户空间，汇集了火车、有轨电车、公交车、自行
车、步行等多种交通出行方式，梳理各类出行流线是地区更新改造的重点内容。原有的西入
口广场人行空间被多条机动车道和大量自行车停车位占据，广场丧失了应有的公共活动功
能，成了仅仅承担交通功能的通道。在更新改造建设中，建成了称作"9 米宽步行桥"的抬高
大平台，将机动车、有轨电车、自行车及停车库等各类非步行交通流线隐藏于大平台的下层
空间，将广场空间完全交还于行人与自行车骑行者。同时大平台与火车站大厅在同一标高
上，与大厅外侧的半室外步行通廊形成顺畅的连接，直通火车站东广场与老城中心。

- 广场界面及公共活动

　　火车站西广场东侧的大台阶是一个柔性的软边界，它提示着抬高大平台与地面广场的过渡与转换，同时大台阶也是市政厅大楼与中央火车站大厅的共享入口平台。市政厅大楼与火车站大厅采用了一体化整合设计，H 形的高层双塔楼高架于波浪形屋面之上，极具风格的形体构成关系更加凸显了其在广场整体空间上的标志性与中心性地位。同时，抬高的大台阶也可以看作一个看台，地面广场作为一个舞台，构成了一个具有观演意象的城市广场空间（如图 5-27 所示）。

图 5-27　西广场及活动场景

（来源：https：//oud. cu2030. nl/images/2021-09/spve_jaarbeurspleingebouw_september_drempelvrij. pdf）

西广场是举办大型公共活动的理想场所，活动内容与周边建筑功能密切相关。广场周边建有 Jaarbeurs 会展中心大楼、Beatrix 剧院、Mega 电影院等文化娱乐建筑，适合开展与其建筑功能相适应的节庆活动，如女王节的狂欢派对、荷兰电影节、戏剧艺术节、音乐节等。这种适配关系促进了广场空间与建筑内部空间的互动，赋予了广场更丰富的功能，从而提升了广场的吸引力，并最终将站前广场真正转化为极具活力的城市公共空间。同时，广场在日常使用上也是一个可以提供午餐、休息与社交的令人愉悦的场所。

3）火车站东广场——绿色健康的共享空间

中央火车站东广场是中央火车站联系东部老城中心的门户空间，其西侧为中央火车站大厅，东侧与 Hoog Catharijne 购物中心相连，并通过购物中心内部的两条林荫大道，向东一直延伸至乌特勒支市老城中心。2019 年东广场地区更新改造计划已实施完成，该地区已建成为一个满足不同人群需求，承载出行、购物、休闲等多种功能，更绿色更可持续的城市共享空间（如图 5-28（a）、图 5-28（b）所示）。

● 交通流线

在改造建设中，将原有连接火车站与购物中心的室内走廊改造为开放式室外平台广场，平台广场与火车站大厅在同一标高面上，距地面街道层 7 米高。平台广场由多层结构构成，多种交通出行方式在竖向上形成了合理的分流，平台上层是全步行区域，平台下层是可容纳 12500 辆自行车的世界上最大自行车停车库，以及通往中央车站其他公共交通工具（电车和巴士）的各种连接路线（如图 5-29 所示）。东广场地区实现了交通流线的一体化设计，在广场层、自行车停车层和地面街道之间通过自动扶梯、电梯、宽楼梯、坡道等设施的合理设置，形成了各类流线转换的便捷性和连贯性。

图 5-28(a)　东广场与周边建筑的关系

（来源：https：//inhabitat.com/utrecht-stations-new-pavilion-will-include-the-worlds-largest-bicycle-storage-facility/）

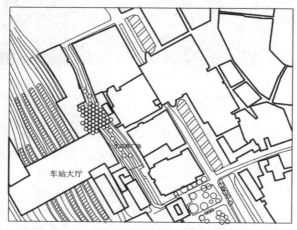

图 5-28(b)　东广场总平面(依据 Google 影像改绘)

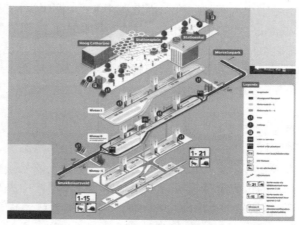

图 5-29　东广场流线分析

（来源：https：//www.utrecht.nl/fileadmin/uploads/documenten/wonen-en-leven/verkeer/fiets/fiets-stallen/ Fietsenstalling-Stationsplein-plattegrond.pdf）

● 景观环境

作为门户空间，火车站东广场聚集不同方向的人流，其空间形象的可识别性至关重要，也是广场整体景观设计的核心任务。在火车站与购物中心交汇处设置有大型伞状构筑物，白色圆孔状巨型伞面与多根白色高圆柱伞柄的构筑形态鲜明夺目，它不仅在空间形体上实现了车站大厅与购物中心的整合，而且在环境景观上也成了整个东广场地区的视觉标识。同时，绿色空间也发挥着重要的作用，在宽大户外楼梯、平台广场上种植有小乔木、灌木等植物，形成了较为丰富的广场绿化，一定程度上营造出东广场日常生活的氛围，为人们提供了会面、购物、逗留与举办小型活动的绿色健康的公共场所。

5.2.4　小结

1. 广场尺度

● 中世纪及文艺复兴时期的广场尺度是宜人的。
● 广场尺度应该与城市大小相匹配。
● 城市中心广场往往是城市中唯一较大尺度的广场，而其他广场则相对要小些，这保持了中心广场在城市中的主导地位。

2. 广场四周的建筑及雕塑

● 广场四周的建筑是围合形成广场的主要要素。
● 广场四周建筑的风格构成了广场的风格特征。
● 广场四周建筑的尺度与广场的尺度相关，某些情况下决定了广场的尺度。
● 雕塑在城市广场空间的形成或塑造过程中是非常关键的要素。
● 雕塑是广场空间转换的主要角色。
● 雕塑赋予广场文化特色。

3. 广场铺地

● 广场铺地是广场空间的重要界面，能够帮助塑造空间。
● 运用不同形式和不同材质的铺地能够在广场中形成不同的场所空间。
● 广场铺地可以烘托空间的气氛。

5.3　城市轴线及空间的组织

城市轴线是组织城市空间比较重要的依据，也是有序组织城市空间的有效方法，一些城市往往是由轴线把城市各个空间组织成为一个有序的整体。通过轴线组织城市建筑，通过轴线联系不同层次的城市空间，最后使城市空间成为一个有序的、相互联系的整体。在城市空间中，一些具有重要意义和纪念意义的空间通常也采用轴线对称的空间组织方式来组织与建立。

5.3.1　轴线的定义及城市轴线的构成

轴线是城市空间最重要的连接要素，轴线空间是一种线性空间，它是城市空间的一个基准。围绕这个基准组织建筑、组织城市设施和各类功能空间、布局树木，轴线空间联系着城市各种构成要素。轴线可以由一系列建筑、庭院、一条城市街道或是道路、河流、山脉构成。

5.3.2 城市轴线空间特点

1. 城市轴线空间的线性及动态特征

城市轴线空间也是一种线性空间，人们在这个线性空间里移动，因此它具有动态的特性，这条轴线所联系的建筑、空间等随着人的移动而一一展开。因此轴线空间的设计应该考虑人们的移动行为特点及行进中的视觉特征来设计。

城市轴线空间的线性连接特征使城市各建筑、各空间能够紧密联系构成整体。法国巴黎的重要大轴线包括了香榭丽舍大道、军队大道、戴高乐大道，在城市市区中联系了卢浮宫、Carrousel 花园、Tuileries 花园、协和广场、香榭丽舍圆形广场、戴高乐广场（即凯旋门）、嫩由广场及塞纳河。这条轴线穿过塞纳河后延伸连接了巴黎的拉·德方斯新区，尽管新区的城市形态与老城的形态存在极大的差异，但是一条轴线却在空间上将两个城市区域完美地组织在一起（如图 5-30（a）、图 5-30（b）所示）。

图 5-30(a)　巴黎城市大轴线 1

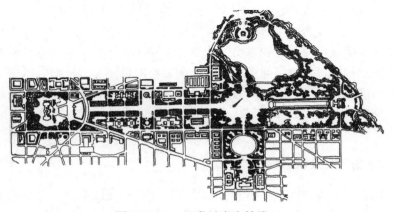

图 5-30(b)　巴黎城市大轴线 2

2. 城市轴线空间的方向性及导向性

城市轴线流线及动态性使它成为有方向的空间，因此在城市轴线空间设计中应该把握其展开方向，在适当的空间里给予导向元素来引导空间转换到另一个空间。

巴黎城市大轴线中，最壮观的香榭丽舍大道轴线上有协和广场的方尖碑、戴高乐广场的凯旋门、拉·德方斯的大拱门，这些都起到了很好的导向作用。

在我国传统城市空间中也是利用轴线空间及轴线空间上的建筑、构筑物引导人们的视线及行为。例如，街道视觉走廊中的塔、牌坊等都是作为引导视线、具有空间导向作用的要素。

3. 轴线空间的有序性

轴线空间的有序性使它成为有效组织城市空间的重要手段，使各自为政的空间成为一个紧密的整体，从而创造了一个有序的城市空间体系。

明清时期的北京城以轴线组织宫城建筑，以宫城建筑轴线组织皇城空间，以同样方向的次级轴线组织民居院落，整个城市形成了统一的、有秩序并且严谨的空间体系，表现出城市高度集权的思想。

4. 轴线空间的对称性及聚集性

轴线空间往往具有对称性，我们知道对称性往往能够突出我们要表现的中心，因此利用这一特性，我们对一些需要突出其地位的空间和建筑采用轴线的设计手法，在纪念性和庄严肃穆的空间里我们都能够采用轴线空间。

在我国古代陵墓规划中通常采用轴线空间烘托，把人从生界带入墓地空间的轮回境界。长长的神道以一种轴线空间的形态出现，两边对称布置有石像，一方面表达了其寓意，另一方面对称的布局加强了轴线感，突出轴线末端的高潮。例如南京的中山陵，以轴线对称的方法突出中山堂的地位以及庄严肃穆的纪念效果。

在城市空间里往往为突出一些纪念性建筑、纪念性场所、重要建筑而采用轴线空间，利用轴线空间的对称性及聚集性来突出主要建筑及场所。例如：罗马圣彼得广场对称布局，布置在轴线终点的圣彼得大教堂获得了宗教的绝对统治地位；明清时期的北京城，皇宫等重要建筑都布局在轴线上，通过对称与聚集的视觉效果加强突出轴线上的建筑地位。

5.3.3　轴线空间的组织

1. 以道路为基准的轴线

以道路为基准线组织建筑及建筑空间在其两侧呈对称布置，所有建筑、城市实体及空间都为了加强突出轴线、烘托主要建筑及空间而对称布局，重要的建筑及空间布局在道路终端或起点。一方面引导视线，另一方面也是视线的终结，同样也可以作为另一个空间的转换(如图 5-31 所示)。

在设计中轴线道路两侧的建筑形态关联性越强就越能够突出轴线，建筑体量的均衡性也影响了轴线感觉。轴线道路分段设置形态元素，能够加强突出轴线空间，同时通过渐进元素的介入能够达到突出轴线空间终结的高潮。

以道路为基准线的轴线空间是组织城市空间的最有效的手段和方法，也是组织群体城市空间常用的方法。

2. 以建筑及建筑空间为基准的轴线

所有主要建筑对称布局在轴线上，建筑与空间在这一轴线上循序渐进层层展开，其他建筑及空间以这些轴线上的建筑为基准对称布局。这类轴线空间主要突出一组建筑群或一组空间，当然在这个组群中又有起始、过渡、重点及高潮（如图 5-32 所示）。

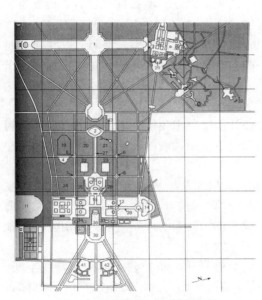

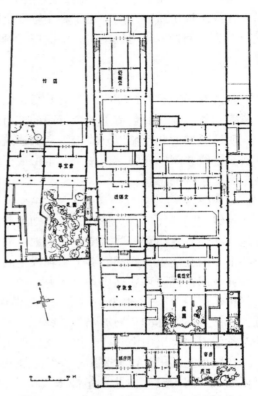

图 5-31　以道路为基准的轴线　　　　图 5-32　以建筑及建筑空间为基准的轴线

这样的空间布局方式能够有效地组织空间，使城市空间变得极具秩序，严谨统一，整体感也很强。

最有代表性的例子应该是明清时期的北京城，我国寺庙建筑群、传统的居住大宅院也都是用这样的空间组织方式来组织建筑及建筑空间。

3. 以绿地等公共空间为基准的轴线

很多城市以公共绿地为轴线基准，城市建筑围绕绿地轴线对称布局，一般来说，城市重要建筑，如行政建筑群、文化建筑群常常以绿地为轴线对称布局。这样的空间组织体现了庄严、肃穆的空间感，同时绿地空间为城市的美化做出了积极的贡献。绿地空间成为城市对外的美好窗口及门面。同样，绿地空间也能够给城市带来特定的文化气息（如图 5-33 所示）。

4. 以城市地理要素为基准的轴线

城市中地理要素同样也能够成为轴线基准。城市地理要素包括江、河、湖水系及山体。

图 5-33　以绿地等公共空间为基准的轴线

　　城市中的自然水体常常成为城市空间的重要组成部分，一些城市建筑不仅依水而建，而且同时以水体为空间轴线对称布局建设。

　　借助于山体作为轴线来组织城市空间也是很常见的。有些城市以远处的山体作为轴线依据来建设城市，使城市空间与周边的自然空间联系起来，有些城市借助于山体以山体轴线为依据来组织空间，使城市空间或城市中的建筑群空间更加雄伟壮观，通过山体联系作用使城市空间成为一个整体。

5.4　城市空间序列

　　城市空间序列事实上就是城市空间的一种秩序，空间序列的效果使人们体会到空间的开始、过渡及空间的结束或高潮，因此空间序列是空间的重要表达，一个好的空间应该有一个好的序列，这样，当人在空间中行进时，就能够获得空间的提示，不至于使人们无所适从。

　　此外，一个聚居点、一个宗教中心、一个城市都具有一定的社会礼仪，因礼仪活动而产生的活动空间必定有与礼仪活动程序有关的空间顺序及序列。也就是说，社会礼仪及活动程序要求相应序列的空间。一个好的空间要根据社会活动或社会礼仪程序设计空间序列，这是城市设计中应该掌握的基本方法。

　　在空间序列的设计中要注意的是怎样塑造或形成空间序列，其中的细节应该加以注重。例如：起始空间形态、过渡空间形态及高潮空间形态是什么样的？它们之间的关系如何处理？怎样加强它们的空间效果？

　　随着现代城市发展，城市生活及活动日趋复杂，城市某些空间的序列则是根据其活动及功能要求来确定。一个居住区其空间序列是根据居民的生活方式和生活习俗要求来确定它的空间序列，这个序列空间所遵循的序列关系是：城市道路空间→居住区内的公共空间→半公共空间→私密空间。一些大的购物中心，其空间序列则是按照商业规律，特别是根据顾客吸引力的规律及规则来进行规划设计。

5.4.1　明清时期北京宫城的空间序列

　　明清时期的宫城是明清两朝皇帝听政和居住的地方，其空间根据皇宫的政治及生活礼仪来设计。首先穿过大清门（大明门）来到内城，经过由东西两侧千步廊形成的狭窄的御路空间到达天安门前的御街，内城御街空间东西向展开在此变得宽敞，天安门前布置五座石桥和华表、石狮，使皇城城门显得高大。进入天安门后，皇城门内的御路空间收缩（但比皇城门外的御路宽敞）。再往北到达端门，穿过端门进入由西庑（朝房）与东庑夹道的御路，路北端为午门。过午门空间变得相对开朗，太和门在宽敞的空间里展开显得高大，并预示了重要场所的到来。过了太和门，空间更为开敞壮观，它是整个宫城的高潮，最高型制的建筑在最宽敞的空间展开，两者互为衬托，相得益彰（如图5-34所示）。

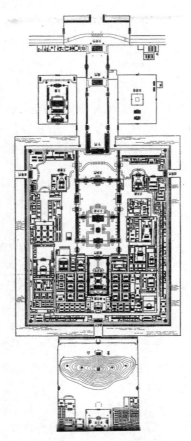

图5-34　明清北京宫城的空间序列

北京宫城的空间序列是由大小空间、流线型空间与宽敞的院落构成，空间交替对比并逐渐变得开敞，特别是到了高潮空间豁然开朗，显示出宏伟壮观的景象。空间序列完美地表达了空间的礼仪意图，有效地表现了不同空间的含义，体现了空间的特征。

5.4.2　中国佛教寺庙空间序列

佛教寺庙空间主要由一系列建筑、院落形成序列，最后到达主要空间，其空间形态主要是：门庭、前院及前殿、中院及正殿，然后是后院及后殿。空间呈现了极为规则的序列关系，这种序列关系反映并表达了佛教的礼仪关系及日常生活活动关系。例如：河北承德须弥福寿庙，轴线上有山门、碑阁、琉璃牌楼、妙高庄严殿等建筑，其中妙高庄严殿为主殿。当人们来到山门前，经过山门、碑阁、琉璃牌楼形成空间序列与节奏，最后到达主殿，形成高潮(如图 5-35 所示)。

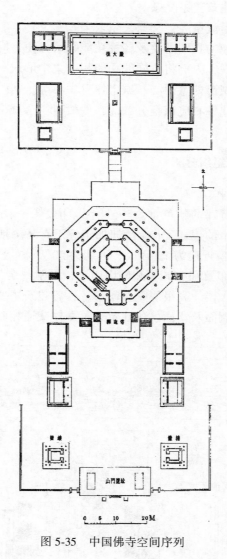

图 5-35　中国佛寺空间序列

5.5　城市中心构成及空间组织

5.5.1　城市中心的构成

　　城市规模不同城市中心的概念是不同的。中小城市城市中心只有一个，它包括了城市商业、文化娱乐、办公以及政府等各种功能。但是大城市则不同，由于大城市人口多、城

市功能复杂、城市各类商业及文化娱乐活动频繁,规模大,这些功能反映在城市空间布局上的特点如下:

- 城市每个功能用地面积比较大,其相关配套设施比较繁杂,需要大量用地。
- 各类功能用地中相关建筑关系复杂。
- 各类功能用地内部交通流量大、交通关系复杂。

为了满足城市每个功能的特别需要及各种功能联系方便,同时又为了避免相互干扰和影响,在城市规划与设计中,人们将不同的功能相对集中形成一个功能中心,例如城市行政中心、城市商业中心、城市博览中心、城市体育中心等。

此外,大城市城市商业中心应该是分散的,一般有一个城市商业中心和多个商业副中心,形成多中心的状态。

5.5.2　城市中心空间组织分析

1. 印度昌迪加尔行政中心

昌迪加尔是印度旁遮普邦的新首都。1951 年,印度第一任总理尼赫鲁邀请法国建筑师勒·柯布西耶负责新城市的规划工作。昌迪加尔位于喜马拉雅山南麓的平原上,占地约40 平方千米,规划人口规模近期为 15 万人,远期为 50 万人。勒·柯布西耶把首府的行政中心当作城市的“大脑”,布置在全城顶端的山麓上,可俯视全城。主要建筑有议会大厦、各部办公大楼、政府办公大楼、高级法院及雕塑等,各建筑主要立面面向广场,次要入口及停车场则布局在建筑的侧面及背面,各建筑通过立体交通相联系(如图 5-36 所示)。

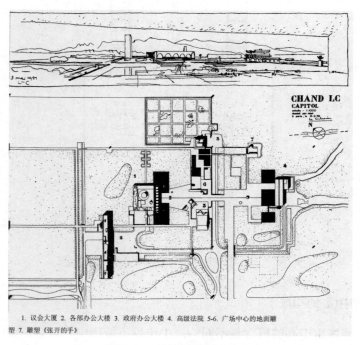

1. 议会大厦 2. 各部办公大楼 3. 政府办公大楼 4. 高级法院 5-6. 广场中心的地面雕塑 7. 雕塑《张开的手》

图 5-36　昌迪加尔行政中心

昌迪加尔的规划设计功能明确，布局规整，它为现代大规模及大尺度空间设计提供了借鉴。但是，建筑之间距离过大，广场空旷，这些使人们对空间环境产生了不够亲切的感受。

2. 中国深圳中心区

深圳中心区是城市的商务中心和行政文化中心，总用地面积 607 公顷。深南大道由东至西穿过用地将整个用地分为南北两个片区。

中心区北片区是行政文化中心，占地面积为 180 公顷。位于轴线核心位置上的建筑为深圳市民中心，其主要功能是为深圳市政府主要机关办公和市民公共活动提供场所（包括博物馆、展览馆、档案馆等）。市民中心北侧布置有图书馆、音乐厅、少年宫及科技馆。

中心区南片区为商务中心，占地面积为 233 公顷。在中央绿化带两侧集中布置了金融、贸易、信息、管理等功能的建筑。

用地中心的轴线上不仅布置有标志性的建筑，更为重要的是它实际上是一个绿色的轴线，轴线上有两个大的公园及绿地广场，轴线的北端则以开放性城市公园（莲花山公园）作为结束（如图 5-37(a)、图 5-37(b) 所示）。

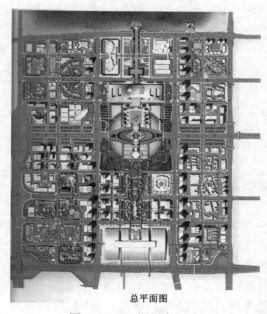

总平面图

图 5-37(a)　深圳中心区 1

总体上来说，这个城市中心，包括了行政文化、商务功能及绿地公园，用地功能相对独立和明确，空间组织方式主要通过轴线组织不同的功能用地及建筑群体。

3. 英国哈罗城镇商业中心

哈罗城镇商业中心规划服务 10 万~20 万人，中心区布置在能控制全城的高地上。哈罗城镇的整个中心虽然不大，但是总体布局功能分区明确。中心区核心部分以商业街道及商业建筑为主；中心区南面布局有市民广场、教堂、公会堂、行政建筑、法院及庭院、大学，这里相对集中布置了行政及文化功能的建筑，可以说是一个文化行政区域；而北边则

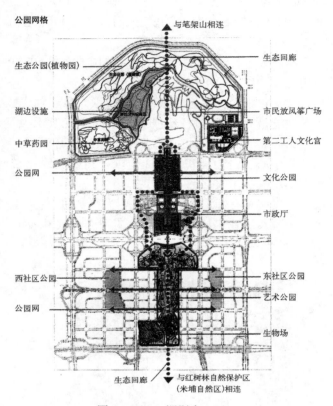

公园网格

与笔架山相连

生态公园(植物园) — 生态回廊

湖边设施 — 市民放风筝广场

中草药园 — 第二工人文化宫

公园网 — 文化公园

市政厅

西社区公园 — 东社区公园

公园网 — 艺术公园

生物场

生态回廊 — 与红树林自然保护区
(米埔自然区)相连

图 5-37(b)　深圳中心区 2

布置有市场及电影院,延续了中心区商业及娱乐的功能。

建筑、街道平面布局为正南北及东西向,主要商业街为南北向,它将南端的市民广场与北端的市场联系起来。

总平面显示,中心区由环形车行道围绕,它们直接与中心区外围各个停车场联系,这使得中心的步行区域成为可能(如图 5-38 所示)。

总体布局特征是:各类相同功能的建筑相对集中;商业建筑基本沿着街道布局,形成商业步行街;而一些公共文化建筑(教堂、会堂)、公共行政建筑、大型娱乐设施及市场则围绕广场布局,一些瞬时人流车流量大的公共建筑,例如会堂、电影院、教堂、市场,布局于城市中心区的南边或北边,且与外围车行道联系紧密,有利于人流疏散。

4. 购物中心的空间组织

20 世纪 50 年代开始出现的现代购物中心集聚了大量的商业零售店铺、重要的百货商店及文化娱乐设施,通常它们是在一个大的屋顶下集中地设置了个体"搭棚"空间,将这些个体集中起来并组织成为一个整体是非常关键的问题,最后是反映在空间的组织上。

通常的组织方式或组织原则首先是建立在功能的组织与功能的布局上,功能相对集中是一个关键,同样也符合商业原则,这就是要创造最大的经济效应。空间序列设计也是空

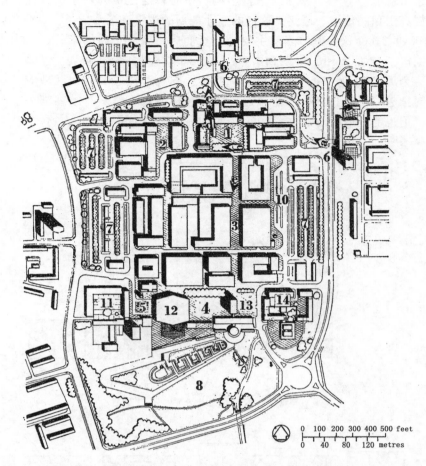

1—市场；2—电影院广场；3—主要商店街；4市民广场；5—教堂广场；6—地下自行车道；7—停车场；8—几何形庭院；
9—服务区；10—公共汽车站；11—科技大学；12—公会堂；13行政建筑；14—法院

图 5-38　英国哈罗城镇商业中心

间组织的关键，好的空间序列设计能够把复杂的商业功能条理化、清晰化。

1）功能分区及功能集中的商业效应原则

相对的同类功能的零售布置在一起，其集聚效应是显而易见的，这是商业销售的规律。在商业街区空间组织过程中，首要的工作是对该商业街区的商业功能进行分析定位，确定其商业活动及商业经营类型，集中相同类型的商业活动，并在空间上将它们相对集中地布局在一起。

2）大商业的磁体效应原则

有些大的空间使用者的商业店铺有很高的销售量并扮演着客流的主要吸引者的角色，而其他的一些店铺可能倾向于某一方面的商品销售，并依靠着被大的使用者吸引的过路客流来实现销售量。因此，商业布局规划应运而生了，那些大的空间使用者或者称为"富有磁性的商店"会被安排在一些特殊的位置，以便顾客们能经过其他一些"次级"的单位到达

"富有磁性的商店"。这样一来，对于整个购物中心就能使贸易几率最大化，销售量最大化，还能提高出租的价位。最终，这样的商业规划的逻辑逐渐形成了一套简单的基于主要"磁体"的规划方式，这些磁体当然主要是百货商店。因此，假如某一购物中心只有一个这样的"磁体"，比如 Northland 购物中心，就会采取一种向心式布局，顾客就会从外围进入到内部，为周边"次级"单位创造机会。当然，围绕着核心的周边区域应该保持较短的距离，同时把越"次级"的单位布置在越外围，这样尽管不是所有顾客都一定会穿过整个购物中心，但也能使所有的购物者有可能朝着中心流动（如图 5-39(a) 所示）。

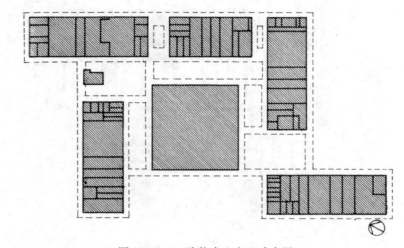

图 5-39(a) 购物中心向心式布局

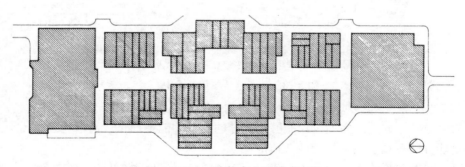

图 5-39(b) 购物中心哑铃式布局

假如存在两个这样的"磁体"，那么把它们安排在两端而形成哑铃形的布局时，就能够为"次级"单位创造更多更为重要的沿街空间，就像美国威斯康星州的密尔沃基的 Mayfair(如图 5-39(b) 所示）购物中心一样，两座百货商店 Gimbel's 和 Field's 被放在两端，它们占据了总零售面积的 55%。同样，如果有三个"磁体"就能形成"T"形或"L"形(如图 5-39(c) 所示），如果有四个则形成"十"字形。当这些原则得到认可以后，购物空间逐渐变得紧凑起来，并且更多地采用简约的线性空间形式，街道宽通常是 15 米左右，同时在两侧商店以及中央种植带和休息区会有搭棚。

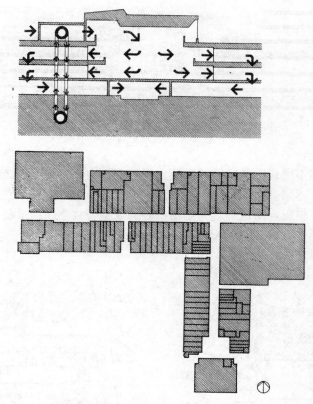

图 5-39(c)　购物中心 T 形和 L 形布局

　　但是由于脱离了城市环境(不仅是指地理位置，而且是因为它往往被 40 公顷以上的停车场所包围)，在购物中心发展的最初阶段，只能被动地接受这种商业规划，它们就像是被人流所操纵一样，因此这类的购物中心发展到最后往往成为没有个性及特点的购物空间场所。

　　3)空间序列

　　从较短的侧面购物空间到中间的过渡空间，再到加强的中央区域，这样的空间序列为出租方式创造了一系列相应的条件：从服务功能上，可以有银行、美发店和邮局等在侧翼形成购物空间。过渡空间里聚集了大量的小型零售商铺，中央区域则是核心"磁体"，通过"磁体"聚集效应，可以提高围绕它的零售"小单位"的商业状况。

　　4)购物中心的公共空间

● 线型(廊道式)的公共空间，也就是室内街道，它的两侧布局商店，是各个商店空间的联系通道，同时也是人行空间及人们休息的空间，在这个线型(廊道式)的、室内的公共空间里布置有中央种植带、休息区及各种小型的搭篷式商亭(如图 5-39(d)所示)。

　　在购物中心发展的今天，线性的公共空间不再仅仅是一个大的购物中心的内部廊道。

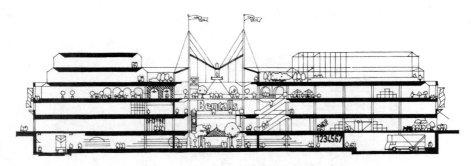

图 5-39(d)　购物中心线型(廊道式)公共空间

由于商业中心随着城市增长以及区域城市的出现，购物中心变得更加庞大，在这样的商业中心里往往存在几个不同类型的购物中心及其他公共活动中心，联系它们的室内廊道、带顶棚的过街桥、地下步行空间也都成为购物中心的线型公共空间的重要组成部分，并且它们形成了一个步行系统(如图 5-39(e)所示)。

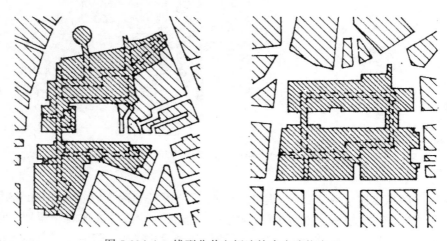

图 5-39(e)　线型公共空间连接多个购物中心

- 中庭式的公共空间，中庭的历史相当于商业购物中心走廊的历史，在 19 世纪经历了从产生到发展的演变过程，直到 20 世纪上半叶才得到重视。它作为一种等价的形式，附着于庭院而非街道，它作为入口大厅出现在酒店中，作为办公楼的中心电梯出现在办公楼建筑中，目的是将光引入建筑深处的中心区，作为建筑物前景不佳的巨大内部空间的视觉补偿，最后这种形式被引入到购物中心里。购物中心的中庭与城市商业中心的广场的作用非常类似，它是空间的节点与转换点，联系着其他空间。它是人流集散点，同样也是人们休闲的场所。它的空间形式是带有顶盖的封闭的空间，是一个由走廊环绕起来的中心(如图 5-39(f)所示)，在这里设置了爵士乐音乐会、演奏会、时装表演和其他与购物中心相关的活动，在这个中庭空间的周围组织了形式多样的购物中心和其他功能。

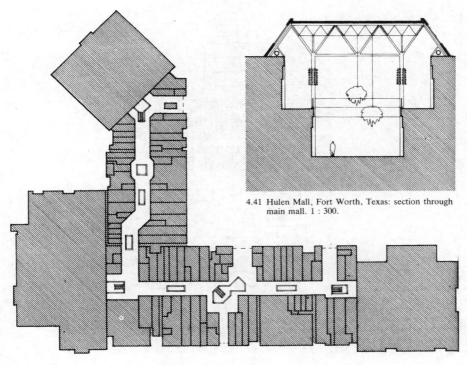

4.41 Hulen Mall, Fort Worth, Texas: section through main mall. 1 : 300.

图 5-39(f) 中庭式公共空间

例如，巴黎的 Forum des Halles 就是一个典型的例子。

巴黎的 Forum des Halles 几乎全部在地下层开发(如图 5-39(g)、图 5-39(h)所示)，它像一个凹下去的大坑，每一边从小尺度的开放庭院向下逐级跌落。中心购物网络由庭院统合起来并向外延伸拓，在广度上向更深的方向发展，并更靠近地下五层的地铁站。

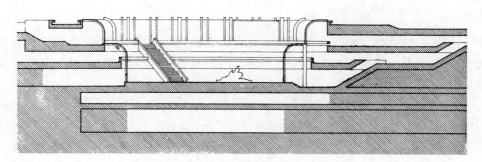

图 5-39(g) Forum des Halles 中庭空间 1

- 平台式的公共空间，通过平台组织并联系建筑组群，平台成为供人们活动、交通及停留聚会的公共空间及广场空间。

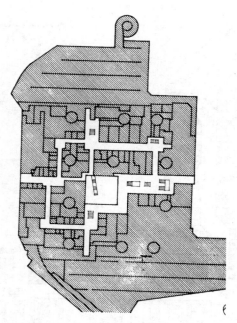

图 5-39(h)　　Forum des Halles 中庭空间 2

- 入口广场公共空间，如大型公共建筑前设置广场，主要为公共建筑大量人流积聚疏散所用，也为休闲的人们、需要休息的顾客提供休息的场所，一些公共活动也会在这里发生。这样的广场公共空间也为组织周边大型建筑起到了重要的作用。

5.6　城市空间标志性要素及布局

5.6.1　城市空间标志物特征

标志物是一种点状参照物，在城市里通常有建筑类、构筑物类的标志物，同样自然的地形地貌的突出形态也可以作为标志性要素，自然植物（例如高大的树木）也可以作为标志要素。

一个要素要成为标志物，就必须要有与周边不同的特征。特别是在形态上要从环境的形态中突出出来，这就是说，它的特征具有唯一性、独特性。比如高于环境的尖塔、高层建筑、突起的山、与周边建筑形态形成对比的穹顶。

这样一些标志物不仅仅在视觉上和空间上具有标志作用，同时也常常具有象征性、能够传达某种特殊意义。

例如欧美某些城镇中，城市区域、城市街区的教堂钟楼是重要的标志要素，既是人们的精神中心，也是城市的视觉中心，城市任何地方都可以看到这一标志性建筑。佛罗伦萨主教堂的穹顶是佛罗伦萨的重要标志物，无论在城市任何地方，人们都能够看到它突出的尺度及独特的轮廓形态，它同样是城市的交通汇集中心更是城市的宗教中心，当然也是宗教精神象征。

中国一些古老的村落，入口处总有一棵高大的古树作为村庄的标志，一方面它是村庄的标志，另一方面也是村庄的图腾及精神象征。

现代城市的商贸区，同样也有作为其象征的高大标志性建筑。

人类也常常借助自然山体作为城市的标志物，例如加拿大蒙特尔借助城市中心的山体形成自己的标志物与城市中心，就城市名也可以看到这一表达，城市名是蒙特利尔（MONTREAL），而法语中的山、山峰就是 MONT，由此可见它们的渊源。蒙特利尔大教堂也借助市中心的山体，共同构成了城市的标志物。蒙特利尔"城市区划"里明确规定了蒙特利尔市区建筑绝对高度不能超过城市山体山顶的高程，以保证山体在城市中的标志性地位。

5.6.2　城市标志物空间的布局及组织

城市标志物不仅仅是在形态上要具有唯一性及独特性，在空间布局上与其周边环境的空间组织也要考虑标志物的主导地位。

1. 标志物空间布局

有些标志物是整个城市的标志，有些标志物是城市区域的标志，有些标志物则是街区的标志。不同空间不同区域的标志物所处的空间位置有所区别，但在空间内是确定的。

1）城市区域性标志物的空间布局

城市区域的标志物通常被布局在城市区域高速路的入口，城市道路与对外交通交会处，城市对外交通的入口（飞机航空港、港口码头、高速路的出口等）。也可以利用山体建设塔或楼阁作为在进入城市郊区的时候就能够看到的城市标志，如镇江的金山塔、杭州的保俶塔、无锡的惠山塔等。

目前，大城市的主要对外交通与航空联系越来越多，航空港作为城市窗口的地位也越来越重要。航空港被人们看作城市的门户，因此它应该是城市标志物选址的最佳处。有些航空港同时还可能成为城市区域的门户，它也就必然成为城市区域标志物的最佳位置，而航空站楼作为主要建筑常常成为空间的标志。一般来说，航空港的特殊空间需要控制，不能够以建筑与构筑物高度吸引人们的视线。

2）城市标志物的空间布局

大部分城市标志物布局在城市中心，例如城市商业中心、城市行政中心等，它常常与城市的自然环境、城市形成的历史、城市的性质、城市的功能地位相关，它表达了城市的价值观及取向，表达了城市的历史文化特征，同样它更是城市形态的一种表达。

法国巴黎圣母院位于城市中心的岛上，它不仅是城市的标志物同时也是中世纪城市的精神象征。19 世纪末，巴黎埃菲尔铁塔的出现成为新的标志物，也是现代巴黎城市的象征。巴黎拉得方斯新区是巴黎的商贸区，位于新区广场尽头即巴黎轴线终结处的拉得方斯大拱门则成为新区的标志建筑及新区的象征（如图 5-40（a）、图 5-40（b）、图 5-40（c）所示）。

图 5-40(a)　巴黎圣母院

图 5-40(b)　巴黎埃菲尔铁塔

图 5-40(c)　巴黎拉德方斯大拱门

意大利圣马可广场位于威尼斯城市中心,同时又与城市主要对外通道——大运河相联系,它的主教堂及钟塔成为城市主要标志物(如图 5-41(a)和图 5-41(b)所示)。

3)城市街区标志物的空间布局

城市街区标志物位置常常选择在城市街区的入口或边界,或是街区的中心、街区人流交汇点。

图 5-41(a)　意大利圣马可大教堂

图 5-41(b)　意大利圣马可广场上的钟楼

　　例如，人们可以在居住区的入口布局该区的标志物使街区具有一定的景观特征和精神象征作用，此外，在居住区的中心布置街区的标志物还可以使空间在视觉上产生张力及向心作用。

　　4) 城市街道标志物的空间布局

　　街道标志物布局在街道的起点、终点或街道的转折点，它起到了预示街道的开始、引导方向、表达空间序列高潮的作用。例如，法国巴黎星形广场上的凯旋门从放射状道路上可以看到它的不同的立面，成为各城市街道及道路空间的标识及重要的景观要素(如图 5-42(a)、图 5-42(b)所示)。

　　2. 标志物的空间组织

　　标志物的空间组织主要涉及标志物与周围环境中其他物体的关系问题，也就是说它的

图 5-42(a)　巴黎星形广场上的凯旋门 1

图 5-42(b)　巴黎星形广场上的凯旋门 2

微观空间关系。

- 首先标志物周边有一定的空间，人们在中微观空间距离上能够更好地看到它，也可以说应该具有一定的空间才使它能够凸显出来。
- 在中微观空间中标志物应该位于中心、空间轴线或是位置突出的地方。
- 在具有背景的空间里，标志物能够很好地表现出来。因此，在空间的组织上，常常在标志物的后面建立具有背景意义的空间或实体。

● 由多个广场构成的空间里，标志物通常设在几条视觉走廊交会处或各个广场轴线的交汇点。一方面人们能够在各个广场看到它，使之成为总体空间统帅，另一方面使它也起到了空间转换及承接的作用。

本 章 小 结

　　城市空间为满足城市各种活动的功能需要和人们对于空间的感受要求而进行合理地组织。城市空间分析的目的是研究城市空间组织规律以建立和谐有序的城市空间体系。

　　在街道空间的组织中，建筑构成街道空间本身，它决定街道空间感受，它的形式与风格赋予街道特色，并对街道空间使用和布局起绝对的影响作用。街道空间可以创造动线空间和停留空间形态，并依循序列法则合理组织以建立空间的秩序感。

　　在广场空间的组织中，广场周边建筑的功能与布局、围合与尺度、造型与色彩决定了广场的空间特征、空间风格及空间效果。一系列多样性功能的复合空间的创造能够增强广场空间的层次感并且满足不同活动流程的需要。

　　城市中常用轴线建立空间的秩序，以此组织空间。轴线是空间有机联系的"骨架"，利用轴线关联不同层级和联系紧密的空间已经成为城市空间组织和建立的有效手段。空间序列设计强调建立场所的次序和视觉方向性，成为空间组织的关键。城市能够以道路、建筑、绿地、山水为基准作为轴线有效地组织空间和构建秩序分明、整体统一的空间系统。同样，城市行政、商业、博览、体育中心可以利用轴线组织不同的功能用地及建筑群体来获得序列感。

　　此外，我们也需重视在城市形态上具有唯一性、独特性或者象征意义的标志性要素的空间组织和合理布局来体现它们的统帅和主导地位。

思 考 题

　　1. 欧洲文艺复兴时期城市广场设计中体现了哪些特点和思想？它们对现代城市广场的设计带来怎样的影响？

　　2. 以所在城市的传统街道与现代街道为例，分析和比较街道两侧的建筑功能、尺度、色彩、形式对街道空间的影响。

　　3. 在城市公共活动中心怎样加强行人动线空间的设计？

　　4. 结合所在城市的商业步行街，分析该步行街的空间序列组织、交通空间布局、绿化种植以及防灾设计(其中包括实地调查、问卷调查、数据统计，并绘制图表进行分析)。

　　5. 以所在城市有代表性的广场为例，分析广场周围的建筑布局对广场空间的影响。

　　6. 结合具体城市，分析如何利用自然轴线和人工轴线合理有效地组织和谐有序的城市空间？

　　7. 如何通过标志性要素的合理布局构建独特性和主导性的城市空间？举例说明。

第6章　城市色彩

没有色彩的城市是一个没有生命力的城市。色彩是装饰美化城市最好的办法，色彩也是突出城市景观及城市特征的常用方法。

城市色彩在城市各个构成要素中都可以运用，如城市建筑、城市街道路面铺装、城市街道家具、城市公用设施、城市中的植物、城市中的招牌及广告等。在这些要素中根据城市具体空间环境，某些要素的色彩为背景色，某些要素色彩为主体色，还有一些要素色彩经常处于点缀的地位。

城市主体色彩的选择通常以和谐、灰色为基调，以便保持视觉的平衡。

生理学家在关于色彩的研究中也指出，灰色同视觉物质相适应，也就是说灰色在眼睛中产生一种完全平衡的状态。因此尽管在城市与建筑设计中有不少的色彩尝试，但是城市中大部分建筑采用灰色系，并保持色彩统一和谐的特征，这有利于创造稳定、平衡及安宁的城市空间。

色彩设计的基本方法通常为两类：一为色彩和谐，二为色彩对比。色彩对比有七种类型：色相对比、明暗对比、冷暖对比、补色对比、同时对比、色度对比及面积对比。

在城市色彩设计中要注意城市的主色调、基本色、重点点缀色的搭配关系，这有利于城市色彩的和谐统一，同时也能够达到重点突出的目的。

6.1　色彩基本理论及城市色彩设计方法

6.1.1　色彩的构成要素

色相、明度和纯度构成了色彩的三要素。

1. 色相

指色彩的基本相貌，用以区别色彩的不同种类。人眼所能识别的色相只有160个左右，通常用孟塞尔（Munsell）色相环表示100个色相。

2. 明度

明度指色彩的明暗程度，色彩中含白色成分越高，反射率越高，明度就越高；反之，黑色成分越多，反射率越低，明度就越低。一般将明度标准定为9级。孟塞尔色系则将明度定为包括黑白在内的11级，中间有9个不同程度的灰。

3. 彩度

指色彩的纯净程度，也可以说是色彩感觉的鲜灰程度，因此也称作纯度、饱和度、艳度、浓度等。红色是颜料中彩度最高的色相，橙、黄、紫是相对彩度较亮的色相，而蓝、绿是相对彩度最低的色相。在物体色(颜料)的相减混合中,在一个颜色中加入白、黑、灰或其补色时,其彩度下降,加入得越多,彩度降低得越多。

根据色彩的彩度要素,色彩可以分成两类:没有彩度的色称为无彩色,如黑、白、灰;有彩度的色称为有彩色,如红、橙、黄、绿、蓝、紫等。

4. 孟塞尔色彩体系

孟塞尔色彩体系是由美国教育家、色彩学家、美术家孟塞尔(Albert H. Munsell,1858—1918)于 1905 年最早研究创制的。

孟塞尔色立体是以色彩的三要素为表现基础的,首先在水平方向上组成色相环,以红、黄、绿、蓝、紫心理五色为基础,加上它们的中间色相橙、黄绿、蓝绿、蓝紫、红紫成为 10 个色相,以顺时针方向排列,再将每一个色相分为 10 等份,以各色相中间的第 5 号为正色,组成总数为 100 的色相环。

孟塞尔色彩体系对颜色的标定方式简明、直观,从色彩的标注上可以想象出色彩的基本属性,因此被广泛运用在色彩表示、工业产品的色彩管理上,很多其他颜色系统的建立也以孟塞尔色立体系统为基础。

6.1.2 色彩对比

1. 色相对比

色相对比是 7 种对比中的最简单的一种,它是由未经混合的色彩以最强烈的明亮度来表示的,例如红、黄、蓝,红、蓝、绿,蓝、黄、紫等。红、黄、蓝三原色是极端的色相对比,当使用的色相从三原色中远离时,色相对比强度就会减弱。

城市设计中,极端色相对比的使用带来了强烈的视觉冲击效果,但是这类色彩的使用仅仅限于局部空间,在商业中心、游乐场所及其他需要表达强烈动态的空间里应较少使用,能够带来活跃、热烈、动态不稳定的空间效果,且不宜在城市空间与建筑上大量使用。

2. 色彩明暗对比

色彩明暗对比往往是一种和谐对比的状态。色彩明暗对比与环境光线以及环境照明有关,因此在城市设计中,明暗对比色彩运用时要考虑白天光线变化以及环境灯光的影响。

3. 色彩冷暖对比

实验表明色彩给人以冷暖的感觉。蓝绿色使人感觉凉爽或寒冷,红橙色使人感觉温暖或炎热,因此在炎热地区的城市应尽可能减少使用红、橙色,多使用冷色调;而在寒冷地区的城市可以使用一些暖色系色彩,避免使用冷色调。

色彩冷暖对比还能提供远近不同的感受,红、橙色给人向前感,而蓝绿冷色有后退感,这是造型和透视效果的一个重要的表现手段,人们可以利用这一方法来加强城市空间的表现力。

4. 补色对比

如果两种色彩调和后产生中性灰黑色,我们就称这两种色彩为互补色。从物理光学角度上来看互补色混合在一起时产生白光,互补色有:黄,紫(蓝+红)、橙(红+黄),蓝、红,绿(蓝+黄)等。

视觉心理学研究表明,视力需要有相应的补色来对任何特定的色彩进行平衡,如果没有补色，视力会自动地产生这种补色。可以说互补色的这一规则是色彩和谐布局的基础，在城市色彩设计中应该遵守这一规则，以便更好地建立一种平衡的空间状态。

6.1.3　色彩协调

色彩和谐可以有两种、三种、四种或更多的色调组合。

1. 两种色组

在十二种色相色轮中，直径相对的两种色彩是互补色，它们构成一种和谐的两种色组，如红与绿、蓝与橙、黄与紫，这是一种对比和谐的原则。

2. 三种色组

从色相色轮中选择三种色相，且它们的位置构成一个等边三角形，那么这些色相就会形成一种和谐的三种色组。

- 黄、红、蓝三种色组是一种基本的三种色组，现代建筑大师勒·柯布西耶在他的法国巴黎城市大学作品中就完美地运用了这种三种色组的色彩。
- 间色橙、紫、绿构成另一种清晰的三种色组。
- 黄橙、红紫、蓝绿或红橙、蓝紫、黄绿也是三种色组，它们在色轮中的排列是个等边三角形。德国老芬堡小公寓色彩设计采用红橙、蓝紫、黄绿三种色组搭配，既改变了住宅形式的单调感，同时也取得了丰富的变化与协调（如图 6-1(a)、图 6-1(b) 所示）。

|（a）武汉市民之家的色彩对比|（b）德国老芬堡小公寓|

图 6-1

6.1.4　色彩的感觉

1. 空间感

色彩的空间感指色彩给人以比实际距离前进或后退，比实际大小膨胀或缩小的感觉。从色相方面说，波长长的色相（如红、橙、黄）给人以前进膨胀的感觉，波长短的色相（如蓝、蓝绿、蓝紫）给人以后退收缩的感觉；从明度方面说，明度高的色彩给人以前进膨胀的感觉，明度低的色彩给人以后退收缩的感觉；从彩度方面说，彩度高的鲜艳色彩有前进膨胀的感觉，彩度低的灰浊色彩有后退收缩的感觉。

　　一种色彩的空间效果是几种成分构成的。在深度方面起作用的力量存在于色彩本身，这种力量可以在明暗、冷暖、色度或面积对比中表现出来，并且背景色彩对深度效果起重要作用。

　　例如，黑色底上任何明度色调都会按照它们的明度级数向前推进，在白色底上，效果则相反；明亮色调固守在背景平面上，而接近黑色的暗色则以相应的级数向前推进。在相同明度的冷色调和暖色调中，暖色向前而冷色退后。色度对比的深度效果是：和相同明度的较暗色彩相比，纯度高的色彩向前。面积是深度效果的另一个因素，当一个大的红色色域上有一块小的黄色，红色起背景作用，黄色向前进；反之，当黄色为背景时，红色块就向前推进。

　　在城市设计中利用色彩空间感的特性，可以形成良好的空间效果及视觉空间层次，创造丰富的视觉景观。法国建筑师 Christian de Portzamparc 的巴黎音乐城（如图 6-2 所示）运用色彩明度、冷暖渐进的变化使建筑的空间感更加强烈。同样，可以利用色彩空间感使某些建筑从环境中凸显出来，表现其重要的地位，如北京宫殿建筑采用红、橙、黄色彩系列使其在灰色民居中凸显出庄重威严的气魄。

图 6-2　巴黎音乐城

2. 冷暖感

　　色彩的冷暖感觉是物理、生理、心理以及色彩本身的综合因素所决定的。最暖的色为橙色，称为暖极；最冷的色为蓝色，称为冷极。橙、红、黄为暖色，蓝、蓝绿、蓝紫为冷色。从明度方面讲，白色反射率高，感觉冷，黑色吸收率高，感觉暖。从彩度方面讲，高彩度的冷色显得更冷，高彩度的暖色显得更暖，当彩度降低，色彩的冷暖感则随之降低。

　　城市色彩设计中色彩冷暖感的研究把握是非常重要的，要根据城市空间环境和气候环境正确选择色彩。例如，在炎热的城市大面积选择橙、红、高彩度暖色是不合适的，它能够引起更加强烈的炎热感，而采用冷色系列色彩是恰当的；在气候寒冷的城市，蓝、蓝绿、蓝紫等冷色系列色彩及高明度色也不宜大面积使用，橙、红及高彩度暖色系列色彩的运用则可以带来暖意，给城市生活的人们带来温暖的感受。在冬天寒冷夏季炎热的城市则应采用色彩饱和度不高的中性色彩。

3. 轻重感

决定色彩轻重感的主要因素是明度，明度高的色彩感觉轻，明度低的色彩感觉重。从色相方面讲，暖色系如黄、橙、红给人的感觉轻，冷色系蓝、蓝绿、蓝紫给人的感觉重。

4. 软硬感

色彩的软硬感与轻重感是紧密相关的，"轻"的色彩给人以软而膨胀的感觉，"重"的色彩则会给人硬而收缩的感觉。

在城市色彩设计中，应该善于利用色彩这一特性，通过色彩的运用，表现城市不同空间的效果。例如，在儿童活动空间，采用一些柔和的色彩，使儿童感觉空间柔软安全；在一些公共空间，采用一些让人感觉坚硬的色彩，突出建筑、公共设施牢固稳重的效果。

6.1.5 色彩表现

眼睛感受光学作用与心理学领域的作用是同时进行的，色彩经验影响到精神和感情体验。在不同的场所，色彩能够使人们有不同的联想，从而影响到人们的情绪。不同的民族由于对色彩的使用偏爱不同，因此会产生不同的体验。

例如，金黄色以亮光的力量显示出物质的最高纯化，所以天主教、基督教教徒将金黄色作为天国的象征，而中国传统则视之为高贵与尊严。红色则被大多数人感受到的是革命、激情、热烈，当然在不同的场合也会与血腥、暴力、焦虑相联系。

人们在色彩表现研究中，普遍认为由于各种场所、民族习惯、个人体验的不同能够获得不同的经验，但是也有一些普遍规律，总结如表 6-1 所示。

表 6-1 　　　　　　　　　　　　　　色相引起的感情效果

色相	情 绪 感 觉
红	激情、热烈、积极、喜悦、愤怒、焦灼
黄红	精彩、活泼、喜悦、浪漫
黄	愉快、健康、明朗、轻快
绿	稳静、新鲜、平安
蓝	沉静、冷静、冥想
紫	庄严、神秘、孤独、不安
白	纯粹、清爽、洁净、冷酷
黑	阴森、阴郁、严峻

需要强调的是，在城市色彩设计中，一定要对当地环境、民俗习惯和城市空间环境进行研究，才能够正确地选择符合当地人习惯的色彩与偏爱，使人们产生美好愉悦的联想。

6.2　城市色彩设计方法及运用

6.2.1　城市色彩的和谐

城市色彩是指城市的外部空间中各种视觉事物所具有的色彩，分为人工装饰色彩和自然色彩两类，包括建筑、道路、标牌、广告、服饰、绿地、河流等人文景观和自然景观的色彩，它们深刻影响着人们的视觉感受。因此，城市色彩必须从整体上考虑，把这些色彩和谐地组合在一起，处理好人工色彩与自然色彩之间、单体内部、单体与环境之间的色彩关系，使之达到和谐统一。怎样能够使城市空间构成部分的色彩形成统一和谐的效果？这就要确定城市色彩统一的风格，注重主色调的选择，在不同的功能区中用一个或几个适当的辅助色调使城市色彩有所变化，而功能区之间的色彩也渐变过渡、协调一致。色彩的分区要切合城市空间结构特点，以形成美好的城市景观。

城市主色调并不是指一种颜色，而是一定明度、纯度范围内的色调或色系。主色调需在城市中占有 75% 的比例才能起到主导色的作用，辅调色可占 20%，点缀色只占5%，这样才能形成稳定、整体的色彩环境。

一般来说，作为构成城市空间的主体建筑常常使用主色调，形成城市的基调，沿街的建筑也通常采用同一色系或相同明度的色彩，形成街道空间的基调，这样就很容易取得统一和谐的色彩效果。

作为城市空间背景的绿地、绿化植物和绿色的山体也能够成为城市的主色调，使城市空间及构成空间的实体的色彩凸显出来。城市滨水地段，以海水或湖水为主色调或背景色，建筑色彩可以采用协调色彩，重点建筑或构筑物可以采用对比色彩，能够取得和谐与丰富的色彩效果。

6.2.2　城市街区色彩

城市每个街区色彩可以有所不同，以便每个街区有所区别并形成自己的特色。街区色彩往往通过建筑色彩表现出来。当然在街区色彩的选择上应该考虑整个城市的色彩，要先建立城市色彩设计框架，在此基础上再进行每个街区的色彩设计，这样才能够使城市色彩既有变化，又表现出和谐统一的效果。

6.2.3　城市的重点色

在城市的某些重要的地段或重点建筑需要用一些明亮的颜色来强调，其色彩在色相、亮度和饱满度上应与基本色相协调，允许有所变化。这样的色彩运用主要在于突出城市的重点空间地段，形成丰富的城市视觉景观效果（如图 6-3 所示）。

6.2.4　城市的点缀色彩

1. 城市的点缀色彩在建筑重点部位的使用

点缀色彩可以应用于建筑的入口、标志建筑屋顶檐口等细部装饰，其面积应不大于辅助色的面积，但其色彩可在色相、亮度和饱和度上与基本色有较大的差异，能够起到突出建筑入口、建筑形态的作用。图 6-4(a)为武汉市吉庆街的入口，通过红色的构架形式来强调建筑入口的醒目及重要性。图 6-4(b)为武汉汉口里入口广场的主体建筑，通过戏台的形式和色彩来体现空间的入口。

图 6-3　武汉汉秀剧场

图 6-4(a)　武汉吉庆街入口

图 6-4(b)　武汉汉口里入口广场

城市中建筑细部，例如建筑的门、窗、窗百叶、栏杆铁饰件都可以使用高明度、高饱和度的色彩，色彩选择上可以与所处位置的大背景形成对比效果。在同一个城市中选择相似或统一的点缀色彩能够很容易表现出城市的特色。

2. 节点空间的建筑

在一些节点空间人们为预示空间的转折突出节点空间的一些元素，如门、柱、雕塑等都可以采用与环境主色调呈对比的色彩，使之凸显出来。图 6-5 所示为巴黎拉维莱特公园的入口，用一个红色建筑小品突出入口空间，成为公园及城市的亮点。

3. 街头公共设施

街头公共设施的色彩也通常选择与主色调形成对比的色彩，以形成城市空间的点缀色。例如电话亭、报栏、广告牌、指示牌、垃圾桶等，这些设施体积小，采用对比色不会对城市主色调构成不和谐的影响，同时也可以从城市主调背景色中凸显出来，丰富空间的层次。

图 6-5　巴黎拉维莱特公园入口

6.3　城市色彩应用实例

不同时代，不同的国家及地区，由于文化的差异，对色彩喜好是不同的，对色彩选择也有自己的偏爱，色彩往往表现了当地民族的感情倾向，反映了民族的爱好及风俗习惯。不同地区的地理环境不同，人们采用当地天然建筑材料进行建造活动，也会使城市建筑色彩具有一定的地方性，因此色彩使城市具有明显的地域性。

6.3.1　中国城市色彩运用

1. 明清时期的北京城色彩运用

我国明清时期的北京城，宫殿建筑屋顶采用黄色，墙体采用红色，居民住宅四合院则采用灰色，强烈的对比色彩突出了宫殿建筑的地位，显示出皇帝至高无上的权力。

这种色彩布局在色彩学空间效果研究中已经得到验证：明亮的黄色总是向前推进，在空间上从其他的色彩中突出出来。

2. 苏州城市色彩运用

苏州古城建筑采用白墙黛瓦，其色彩与水网相映成趣。街道铺地采用青石板，使整个城市色彩以黑白灰色调相互映衬，达到高度协调统一的效果，无论在任何季节都能够体现苏州城市清新雅致的特质(如图 6-6(a)、图 6-6(b)所示)。

6.3.2　欧洲城镇色彩运用

1. 意大利城市色彩运用

意大利罗马，教堂及宫殿外观采用橘黄色，是为了保证建筑在城市中处于支配地位(如图 6-7 所示)。

佛罗伦萨的城市色彩取决于城市建筑所采用的材料，重要的建筑采用不同色彩的大理石，尤其是暗绿色大理石的使用，使得建筑色彩丰富中显现出协调与稳重。城市中其他建筑采用暗色砖和赤陶，令整个城市色彩统一又富于变化(如图 6-8(a)、图 6-8(b)所示)。

图 6-6(a) 北京城

图 6-6(b) 苏州城

图 6-7 典型欧洲城市色彩

图 6-8(a) 佛罗伦萨的城市色彩 1

图 6-8(b) 佛罗伦萨的城市色彩 2

2. 法国红村色彩运用

法国红村所有的建筑都采用了当地盛产的红色岩石作为建筑材料，整个村庄为红色基调，在植物绿色环境的衬托下，小村庄呈现出特有的迷人的地方景观特色，这也表明采用地方建筑材料是表现地方特色的最佳途径（如图 6-9 所示）。

图 6-9 法国红村

6.3.3 现代城市色彩运用

现代建筑师及城市设计师也进行了大量的色彩设计的尝试。

1. 单色与光影

白色是一种基本颜色，白色是很多建筑师及城市设计师经常采用的色彩，它主要是通过光影的变化来获得色彩、建筑空间和城市空间的变化（如图 6-10 所示）。

图 6-10 洪村居民

    勒柯布西耶设计的许多建筑采用纯白的色彩，通过光影的作用达到了高度纯净中富于变化的效果。他的梦想城市是："在明媚的阳光下，建一座全是白色的城市，需要绿色的柏树做点缀……"①这种思想在他的萨伏耶别墅中被完美地表达出来。勒柯布西耶同样会采用其他单色(如浅蓝绿色与白色)或白色与红色等，这些色彩与窗洞阴影产生对比的效果使得建筑丰富起来(如图 6-11 所示)。

图 6-11　弗鲁格斯社区

2. 单色与建筑材料

    通常许多建筑通过建筑材料的使用来体现自己的色彩个性。20 世纪 50 年代，混凝土建筑以其固有的灰色表达了建筑和城市的中性与粗野的个性。灰色的色调能够使建筑在光线、阴影、材料肌理与质感上得到充分发挥与展现(如图 6-12、图 6-13 所示)。

图 6-12　武汉江汉关

图 6-13　武汉大学老建筑群

---

    ①　Verena M. Schindler. 欧洲建筑色彩文化——浅述建筑色彩运用的不同方法[J]. 世界建筑，2003(9)：19.

3. 彩色的运用

彩色的运用对装饰并突出建筑和城市起到了积极的作用，尤其是在追求建筑个性化方面能够起作用。例如，法国蓬皮杜中心采用红、黄、蓝的管道取得了很强的视觉冲击效果，使建筑从周围灰色的巴黎中突出出来（如图6-14所示）。

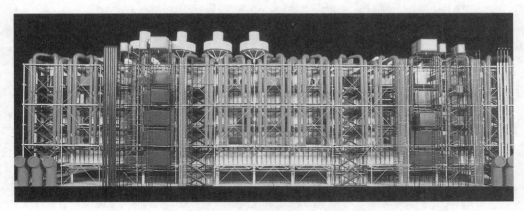

图 6-14　法国蓬皮杜中心

但是，过多色彩的使用及色彩搭配不当会造成视觉疲劳及视觉混乱。现代城市中人们注重色彩的运用及色彩的搭配，但是大面积的色彩对比及高明度、高饱和度的色彩的运用则应该谨慎对待。

本 章 小 结

城市空间色彩基本构成涉及建筑、绿化、交通场所、公共设施、公共艺术等组成要素，由此形成城市的背景色、主体色、重点色和点缀色。

城市空间色彩设计所呈现的整体性、地域性、民族性、功能性、和谐性、美学性等特征对于城市色彩塑造和视觉效果表现具有重要的指导意义。

城市通过彩色系和无彩色系的不同色彩的表现、产生的感觉以及引发的感情在不同国家和城市文化、经济、政治、时代等背景中拥有各自的象征意义。

思 考 题

1. 建筑色彩的设计如何体现与城市空间环境的和谐融洽？结合所在的城市，分析建筑色彩方面存在的问题，并提出改进措施（用色彩图表达与文字说明）。

2. 在城市空间整体色彩建构中，如何处理好城市主体色、辅助色、点缀色和背景色之间的关系？

3. 举例分析城市色彩建设应该把握的民族性、地域性、文脉性特征的意义。

4. 如何从审美角度强调城市色彩设计的"调和"与"对比"之间的总体关系。

5. 结合具体案例分析符合特定城市功能、地理、文化、历史、经济特点的城市色彩表现和感情体验。

6. 以武汉大学为例分析城市空间的主导色彩。

第7章　城市绿地景观设计

本章首先介绍城市绿地景观的概念及功能，进而详细地讲解城市绿地景观的四大构成要素，即植物、地形、水景和构筑物（小品）。对于各类要素，本章均详细介绍其分类、作用、设计原则以及设计过程中需要注意的问题。接着本章简要讲解四大类绿地景观的设计原则和设计要点，这四大类绿地景观分别是公共绿地景观、居住区绿地景观、滨水绿地景观和街道广场绿地景观。最后讲解城市重要建筑环境植物景观配置设计。本章的学习目的就是为学生建立一个较为系统全面的关于城市绿地景观设计的知识框架。

7.1　城市景观界定

7.1.1　景观的概念

景观是客观物质环境的构成要素，是环境资源，又是人类主体对环境的反映，具有主客观双重性。景观的概念早已趋向于多样化。因此，在本章的开篇有必要整理关于景观的各类概念，厘清其发展变化的脉络，才能真正探究景观规划设计的实质。

1. 具有审美感的风景

与"景观"对应的英语为"landscape"，德语为"landschaft"，法语为"paysage"，荷兰语为"landskip"。15世纪，荷兰首先出现该词语，指绘画作品中所描绘的自然景色。此后，"landscape"被定义为风景画，单词也随着风景画成为独立的画种传播到其他的国家和地区。在风景画出现之前，风景主要是用来描绘人物的背景，起衬托作用。风景画将风景作为主要的表现题材，既是装饰品，又是艺术品。从18世纪开始，欧洲风景画的发展进入了高潮，不仅市场规模大，技术水平也达到了相当的高度。时至今日，风景画已成为人们日常生活中必不可少的消费品。风景画的兴起标志着人们对风景审美意识的自觉，体现出人们对自然风景的向往。可以说，具有审美感的风景是景观的原始含义，也是最常用的含义。

2. 作为区域概念

现代地理学将景观看作区域概念。20世纪初期奥托·施吕特尔（O. Schluter，1872—1952）已经注意到地球表面存在各种不同的地区类别，这种差异称为"区域差异"。1906年他在德国提出景观是地球表面区域内可以通过感官觉察到的事物总体，而人类文化能够导致景观的变化。索尔（C. O. Sauer）把地理景观看作综合景象，与文化区域构成地理单位，包括物质形式和文化形式间的独特联系。

奥托·施吕特尔和索尔都超越了将景观仅仅看作客观地表物质单位的概念，而是将其解释为区域内物质和非物质的现象综合。在区域边界内，景观表现出一定程度的一致性以及与区域外的差异性。景观还可以看作是区域动态变化的过程和结果，是由不同类型和系统长期相互影响的运动过程形成的复合体，是功能或形态结构上变化的结果。如农业景观是对自然地区耕作过程的结果，城市景观是人类在自然和农业地区上工程活动的结果。大自然的地理形态结构、农业活动、人类的城市工程活动形成了城市景观。

施密特许森对景观概念作了以下定义："景观是动态过程，是地理圈以内具有特定性质的一种事、空、时系统。"

3. 作为生态概念

景观生态学说将景观看作由不同生态系统组成的具有重复格局的异质性地理单元和空间单元。景观具有结构、功能、形态三大特征，反映着气候、地理、生物、经济、文化和社会综合特性。景观生态学是主要研究景观单元的类型组成、空间配置及其与生态学过程相互作用的学科（邬建国，2000）。

景观结构指景观组成单元的类型、多样性和空间关系，受到景观中不同生态系统和单位要素的大小、形状、数量、种类、布局以及能量、物质的分布影响。福尔曼将景观结构分为三种基本类型：缀块、廊道和基底，其特征如下：

（1）缀块：景观结构中最小的单元，内部匀质性，与周围环境性质外貌不同。有不同的尺度，可以是城市、村落、树林、池塘、广场等。

（2）廊道：连续性、线形、带状结构。如道路、防风林带、河流、绿道等。

（3）基底：分布最广、关联性强的背景结构。如农田基底、山林基底、城市基底等。

物种多样性一般会随缀块面积增大而增加。大型缀块，比如大片的森林绿地，能够维持景观生态系统，减少物种灭绝和生态系统退化。小型的缀块往往是物种传播的踏脚石，比如在景观规划中经常在两片大型绿地之间布置连续的小型绿地和生态空间，以增加物种的流动。

廊道的功能在于提供生物空间的传输通道，汇集生物源和能量等，廊道之间交叉形成网络。廊道与基底都可以看作特殊形状的缀块。基底实际上是占主导地位的缀块，对景观动态起支配作用。

4. 基于主体认知论的景观概念

"二战"后，随着环境心理学的发展，刺激理论、控制理论、交互作用场所论相互补充并且不断完善，景观概念又有了新的发展，人们认识到景观不仅仅是客观现象，还是人类主体的心理认知过程。也就是说，景观这一概念的成立包含了作为客体的景观对象和作为识别景观对象的主体——人。

柳赖澈夫从知觉心理学角度对景观作了如下定义：景观是通过以视觉为中心的知觉过程对环境进行的认知，包括了对景观的视知觉过程和行动媒介过程。

人对于景观的体验包括三个要素：景观对象、人类主体、基于人的经历和心理形成的经验，另外还受到视点和周围环境的影响。景观体验的模式基本过程如下：人类主体从环境接受刺激，通过五感（嗅觉、视觉、听觉、味觉、触觉）感受景观对象，其中视觉所接受的景观信息量最大；从外部获得信息后，根据自己的知识、经验等赋予其特殊的意义，并删除对主体无意义的信息；另外，主体自身的活动和外部信息的综合作用引起生理和心理的变化，形成知觉经验，过去的知觉经验不断积累，对后来的景观体验产生影响。影响景观体验的要素特征如下：

(1)景观对象：某范围以内客观物质世界的集合体，视觉的对象。

(2)视点：景观对象主要通过视觉进行捕捉。视觉器官(人眼)所在的位置称为视点。视点的位置、动静、移动路线以及数量对景观体验的结果产生重要影响。比如高视点和多视点容易捕捉到景观对象的整体，低视点容易产生敬畏感、威严感，视点移动时和静止状态下的景观体验都有所不同。

(3)周围环境：围绕景观对象的环境，其要素有声音、湿度、能见度等。这些因素在人眺望景观对象过程中对人的感觉产生影响，并且影响到景观评价结果。

(4)经验：从出生到现在长期积累的意识和潜意识的综合。

(5)知识：主体通过视觉获得的大量杂乱的信息，在大脑中进行处理，根据知识与经验赋予景观信息各种意义。

5. 景观概念的总结

现今，就应用层面而言，景观的概念有狭义和广义之分。

狭义的景观与园林是联系在一起的，即"园林说"，认为景观基本上等同于园林，具体的景观规划设计者一般持有这种概念。在这种概念下景观的基本成分可以分为两大类，一类是软质的东西，如树木、水体、和风、细雨、阳光、天空等；另一类是硬质的东西，如铺地、墙体、栏杆等。软质的东西称为软质景观，通常是自然的，硬质的东西称为硬质景观，通常是人工的。不过也有例外，如山体就是硬质景观，但它是自然的。

广义的景观是空间与物质实体的外显表现。广义的景观本身大致包括四个部分，即实体建筑要素、空间要素、基面和小品。国外十分重视这一领域，基本上都是由专业人士进行规划与设计。

7.1.2　城市绿地景观

1. 城市绿地景观的作用

当前，追求人与自然和谐共处的生态运动已在全世界范围内展开，并向多方面渗透，城市由单纯静止的、优美的自然环境趋向于全面的生态化。人们越来越清楚地看到城市发展的生态化途径，认识到建立一个与大自然和谐相处的人类新文明已是不可阻挡的历史潮流。21 世纪也将是一个重视生态平衡，保护生态环境，以绿色为主体的"绿色文明"新世纪。

一个城市，改善环境质量除了主要依靠污染的防治和控制外，还要重视发挥自然景观对污染物的承载作用，特别是天然和人工水体、自然或人工植被、广阔的农业用地和空旷的景观地段。在国外，将自然成分重新引入城市是城市景观生态学研究的中心，城市规划学家芒福德就很注重城市中的自然生态系统。城市绿地景观作为城市生态系统的重要组成部分，是城市景观的自然要素和社会经济可持续发展的生态基础，在城市景观的结构、功能及变化中起着重要作用。

2. 城市绿地景观的特点

1)自然景观造就城市景观轮廓

城市绿地景观是构建城市景观的生态基础。城市景观都是依据一定的自然景观建立起来的，自然景观奠定了城市景观的基础，也制约了城市景观的轮廓。如重庆多山的地形地貌造就了重庆山城的景观轮廓，苏州多水的自然状况造就了河道纵横交错的水城景观。

2）城市绿地景观的多层面

绿地景观的外在表现形式有多种，有块状的，称其为绿色斑块，如城市公园绿地、城市居住区绿地景观等；有线状的，称其为绿色廊道，如道路绿地景观、滨水绿地景观。城市绿地景观不只是物质空间的外显表现，同时还有着深刻的内涵，这种内涵主要包括以下三个方面：一是文化历史与艺术层，包括蕴含于景观环境中的历史文化、风土民情、风俗习惯等与人们精神生活世界息息相关的文化因素，它直接决定着一个地区、街道、城市的风景；二是环境生态层，包括土地利用、地形、水体、动植物、气候、光照等人文与自然因素在内的从资源到环境的范畴；三是景观感受层，指对基于视觉的所有自然与人工形体及其感受的范畴。

3）城市景观的系统性

城市景观是一个有机整体，城市景观中任何一个环节都十分重要，都是景观整体系统不可忽略的组成部分。城市景观中的实体建筑、空间要素等如同"红花"，基面以及城市小品等如同"绿叶"，红花固然重要，但离开绿叶的衬托，也难以达到理想的效果。

3. 城市绿地景观的分类

城市绿地景观分为四大类，分别是公园绿地、居住区绿地、道路广场绿地和滨水绿地。

公园绿地是指城市中向公众开放的，以游憩为主要功能，有一定的游憩设施和服务设施，同时兼有健全生态、美化景观、防灾减灾等综合作用的绿化用地。公园绿地是城市建设用地，是城市绿地系统和城市市政公用设施的重要组成部分，是表示城市整体环境水平和居民生活质量的一项重要指标。

居住区绿地是城市园林绿地的重要组成部分，其绿化水平是城市现代化的重要标志之一，是社会文明的体现。居住区的人均公共绿地和绿地率反映了居住区绿化的水平，而绿化覆盖率是衡量城市居住环境的绿化现状和效果的尺度。居住区绿化为人们创造了富有生活情趣的生活环境，是居住区环境质量好坏的重要标志。

道路广场绿地是指道路及广场用地范围内的可进行绿化的用地。道路绿地分为道路绿带、交通岛绿地、广场绿地和停车场绿地。广场绿地一般是指由建筑物、街道和绿地等围合或限定形成的永久性城市公共活动空间，是城市空间环境中最具公共性、最富艺术魅力、最能反映城市文化特征的开放空间，有着城市"起居室"和"客厅"的美誉。城市绿地广场的绿地率一般为50%~80%时能取得较好的景观、生态和游憩效果。

滨水绿地是经过自然水体形成道路与水体岸线围合而成的城市公共绿地，具有其他环境所无法比拟的亲水性和快适性，它应具备以下要点：其一，它是一个城市公共绿地范畴，具有城市公共绿地的形态特征（如开放性、系统性、生态性等）；其二，它是属于城市滨水区的范畴，是城市范围内水域（河、湖、海等）与陆地（主要是绿地）相连接的一定范围内的区域；其三，它是属于城市公共空间的范畴，这意味着它受城市多种因素的制约，要承载城市活动执行功能，体现城市形象，反映城市问题。

7.2　城市景观设计要素

构成城市景观实体的四大要素为植物、地形、水、建筑及构筑物，它们相辅相成，共同形成城市景观空间。地形是诸要素的基底和依托，是构成整个城市整体景观的骨架，地形布置和设计的恰当与否会直接影响到其他要素的设计。水是景观设计中最活跃的因素，极富有变化和想象力，常赋空间以生机。植物材料作为设计要素正是城市景观的特征之一，植物本身种类繁多、造型丰富，再加上春华秋实等季相变化，为景观设计提供了用之不竭的能源，建筑具有功能和造景双重作用，并且往往是园林景观和空间的焦点。下面从景观设计的角度就地形、水、植物和建筑物(含构筑物及小品)做些介绍。

7.2.1　植物

作为重要的景观要素，植物的功能体现在非视觉性和视觉性两方面。植物的非视觉功能是指植物具有净化空气、吸收有害气体、调节和改善小气候、吸滞烟尘及粉尘、降低噪声等作用。植物的视觉功能是指植物的审美功能，即根据不同环境景观的设计要求，利用不同植物的观赏形态加以设计，从而达到美化环境，使人心情愉悦的作用。植物设计是景观设计中必不可少的组成部分，也是景观艺术表现的主要手段。

1. 景观植物的分类

现代景观中的植物名称繁多，按类型来分有以下几种：

1)乔木

乔木是营造植物景观的骨干材料，它们的主干高大明显、生长年限长、枝叶繁茂、绿量大，具有很好的遮阴效果，在植物造景中占有重要的地位，并在改善小气候和环境保护方面作用显著。

2)灌木

景观中的灌木通常指美丽芳香的花朵、色彩丰富的叶片或可爱诱人的果实等观赏性的灌木和观花小乔木，这类植物种类繁多，形态各异，在景观营造中最具艺术表现力。

灌木在景观植物中属于中间层，起着乔木与地被植物之间的连接和过渡作用。在造景方面，它们既可作为乔木的陪衬，增加树木景观的层次变化，也可作为主要观赏对象，突出表现灌木的观花、观果和观叶效果。灌木平均高度基本与人的平视高度一致，极易形成视觉焦点，加上其艺术造型的可塑性极强，因此在景观营造中具有极其重要的作用。

3)花卉

这里的花卉是狭义的概念，仅指草本的观花植物，特征是没有主茎，或虽有主茎但不具木质或仅基部木质化，可分为一、二年生草本花卉和多年生草本花卉。

花卉具有种类繁多、色彩丰富、生产周期短、布置方便、更换容易、花期易于控制等优点。花卉能丰富景观绿地并且能够烘托环境气氛，特别是在重大节庆期间，花卉以其艳丽丰富的色彩使节庆日倍增喜庆和欢乐气氛，因此在景观绿化中被广泛应用，并常常具有画龙点睛的作用。

4)草坪和地被植物

草坪是指有一定设计、建造结构和使用目的的人工建植的草本植物形成的块状地坪，或供人休闲、游乐和体育运动的坪状草地，具有美化和观赏效果。

按草坪使用功能的不同可分为游憩草坪、观赏草坪、体育草坪、林下草坪等。按草坪规划形式不同可分为自然式草坪和规则式草坪两种。

地被植物是指株丛紧密、低矮，用以覆盖景观地面防止杂草滋生的植物。地被植物适应性强、造价低廉、管理简便，是景观绿地划分时最常用的植物，也是城市绿地景观形成宏大规模气势的重要手段。

5）藤本植物

藤本植物是指自身不能直立生长，需要依附他物或匍匐地面生长的木本或草本植物，它最大的优点是能很经济地利用土地，并能在较短时间内创造大面积的绿化效果，从而解决因绿地狭小而不能种植乔木、灌木的环境绿化问题。

藤本植物由于极易形成立体景观，所以多用于垂直绿化，这样既有美化环境的功能又有分隔空间的作用，加之纤弱飘逸、婀娜多姿的形态，能够软化建构物生硬冰冷的立面而带来无限生机。

6）水生植物

水生植物是指生长在水中、沼泽或岸边潮湿地带的植物，它对水体具有净化作用，并使水面变得生动活泼，增强了水景的美感。常见的水生植物有荷花、菖蒲、睡莲、王莲、水杉等。

2. 植物的配植

1）植物配植的基本形式

● 规则式

规则式又称几何式、图案式，是指乔木、灌木成行陈列等距离排列种植，或做有规则的简单重复，具有规整形状。花卉布置以图案为主，花坛多为几何形，多使用植篱、整形树及整形草坪等，体现了整齐、庄重、人工美的艺术特征。

● 自然式

自然式又称风景式、不规则式，是指植物景观的布局没有明显轴线，植物的分布自由变化，没有一定的规律性。植物种类丰富，种植无固定行距，形态大小不一，充分展示植物的自然生长特性，体现了生动活泼、清幽自然的艺术特征。

● 组合式

组合式是规则式和自然式相结合的形式，它吸收了两者的优点，既有整洁、明快的整体效果，又有活泼、轻松的自然特色，因此在现代植物景观设计中广为应用。

2）植物的配植设计

● 孤植

孤植指为突出显示树木的个体美，一般均单株种植，也称独赏树，常作为景观构图的主景，通常均为体形高大雄伟或姿态优美，或花果叶的观赏效果较好的树种。

孤植树作为主景，因而要求栽植地点位置较高、四周空旷，便于树木向四周伸展，并具有较好的观赏视距。孤植树可种在大片草坪上、花坛中心、道路交叉点、道路转折点、池畔桥头等一些容易形成视觉焦点的位置。

- 对植和列植

对植是将数量大致相等的树木按一定的轴线关系对称种植。列植是对植的延伸，指成行成带地种植树木。对植和列植的树木不是主景，而是起衬托作用的配景。

- 丛植

由两三株至一二十株同种类或相似的树种较紧密地种植在一起，使其林冠线彼此密接而形成一个整体的外轮廓线，这种配植方式称丛植，是城市绿地里的植物作为主要景观布置时常见的形式。

丛植须符合多样统一的原则，所以树种要相同或相似，但树的形态、姿势及配植的方式要多变化，不能像对植或列植一样形成规则式的树林。丛植时，要注意配植的形式，以取得良好的效果(图 7-1)。

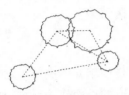 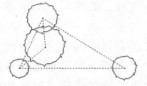 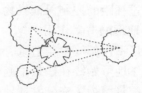

(a)同一树种呈不等边　　　(b)同一树种呈不等边　　　(c)两个树种，单株位于
　四边形组合　　　　　　　三角形组合　　　　　　　三株构图中部

图 7-1　四株配合的图示

- 群植

由二三十株或数百株的乔木、灌木成群配植称为群植，形成的群体称为树群。树群所表现的主要为群体美，应布置在有足够距离的开敞场地上，如大草坪上、水中的小岛屿上、小山坡上等。

7.2.2　地形

1. 地形的分类

地形有凸地形和凹地形之分，它们在组织视线和创造空间上具有不同的作用。

1）凸地形

若地形比周围环境的地形高，则视线开阔，具有延伸性，空间呈发散状，此类地形称凸地形。它一方面可组织成为观景之地，另一方面因地形高处的景物往往突出、明显，又可以组织成为造景之地。

2）凹地形

若地形比周围环境的地形低，则视线通常较封闭，且封闭程度取决于凹地的绝对标高、脊线范围、坡面角、树木和建筑高度等，空间呈积聚性，此类地形称凹地形。凹地形的低凹处能聚集视线，可精心布置景物，凹地形坡面既可观景也可布置景物。

2. 地形的功能

1）地形的骨架作用

地形是构成城市景观的基本骨架，建筑、植物、落水等景观常常都以地形作为依托。

2）地形的引与挡

地形可用来阻挡视线、人的行为、冬季寒风和噪声等，但必须达到一定的体量。地形的阻挡与引导应尽量利用现状地形，若现状地形不具备这种条件则需权衡经济和造景的重要性后采取措施。引导视线离不开阻挡，阻挡和引导可以是自然的，也可是人为强加的。

若地形具有一定的高差则能起到阻挡视线和分隔空间的作用。在设计中如能使被分隔的空间产生对比或通过视线的屏蔽安排令人意想不到的景观就能够达到一定的艺术效果，对于过渡段的地形高差若能合理安排视线的挡引和景物的藏露也能创造出有意义的过渡地形空间。

3）地形的背景作用

凹、凸地形的坡面均可作为景物的背景，但应处理好地形与景物和视距之间的关系，尽量通过视距的控制保证景物和作为背景的地形之间有较好的构图关系。

4）地形的造景作用

地形不仅始终参与造景，而且在造景中起着决定性的作用。

虽然地形始终在造景中起着骨架作用，但是地形本身的造景作用并不突出，常常用作基底和配景。为了充分发挥地形本身的造景作用，可将构成地形的地面作为一种设计造型要素。地形造景强调的是地形本身的景观作用。

在利用地形本身造景方面，法国风景园林设计师雅克·西蒙（Jacques Simon）提出的一些设想颇有新意，他用点状地形加强场所感，用线状地形创造连绵的空间，在一些小的场合下也能充分利用地形的起伏和变化。

若将地形做成诸如圆（棱）锥、圆（棱）台、半圆环体等规则的几何形体或相对自然的曲面体也能形成别具一格的视觉形象。例如德国埃森城市公园 Nordstern Park 在地形的设计上就采用了这一方法，将地形人工改造成棱锥形，为整个公园提供了一个可以登高远眺的观赏点（如图 7-2 所示）。

图 7-2　德国埃森城市公园 Nordstern Park 的地形设计

3. 地形设计应注意的问题

1）地形改造

在地形设计中首先必须考虑的是对原地形的利用。结合基地调查和分析的结果，合理安排各种坡度要求的内容，使之与基地地形条件相吻合，正如《园冶》所论，"高方欲就亭台、低凹可开池沼"，利用现状地形稍加改造即成园景。地形设计的另一个任务就是进行地形改造，使改造后的基地地形条件满足造景的需要，满足各种活动和使用的需要，并形成良好的地表自然排水类型，避免过大的地表径流。地形改造应与用地的总体布局同时进行，对地形在整体环境中所起的作用、最终能达到的效果应心中有数。地形改造都是有的放矢的，并且地形的微小改造并不意味着没有大幅度改造重要。

2）地形、排水和坡面稳定

地表的排水由坡面决定，在地形设计中应考虑地形与排水的关系，地形和排水对坡面稳定性的影响。地形过于平坦不利于排水，容易积涝，破坏土壤的稳定，对植物的生长，对建筑和道路的基础都不利。因此应创造一定的地形起伏，合理安排分水和汇水线，保证地形具有较好的自然排水条件，既可以及时排除雨水，又可避免修筑过多的人工排水沟渠。

要确定需要处理和改造的坡面，需在踏勘和分析原地形的基础上作出地形坡级、地形排水类型图，根据设计要求决定所采用的措施。当地形过陡、空间局促时可设挡土墙；较陡的地形可在坡顶设排水沟，在坡面上种植树木、覆盖地被物，布置一些有一定埋深的石块等。

3）坡度适宜

在地形设计中，地形坡度不仅关系到地表水的排水、坡面的稳定，还关系到人的活动、行走和车辆的行驶。一般来讲，坡度小于1%的地形容易积水，地表面不稳定，不太适合于安排活动和使用的内容，但若稍加改造即可利用；坡度介于1%~5%的地形排水较理想，适合于安排绝大多数的内容，特别是需要大面积平坦地的内容，像停车场、运动场等，不需要改造地形。但是，当同一坡面过长时显得较单调，易形成地表径流，而且当土壤渗透性强时排水仍存在问题；坡度介于5%~10%的地形仅适合于安排用地范围不大的内容，但这类地形的排水条件很好，而且具有起伏感；坡度大于10%的地形只能局部小范围地加以利用。

7.2.3　水景

纵览中西古典园林，几乎每种庭园都有水景的存在，尽管在大小、形式、风格上有着很大的差异，但人们对水景的喜爱却如出一辙。

水的形态多种多样，或平淡或跌宕，或喧闹或静谧，而且淙淙水声也令人心旷神怡。

在水景设计中应充分发挥水的流动、渗透、激溅、潺缓、喷涌等特性，以水造境，创造水的拟态空间。只有这样，景观空间的视觉效果才会因水的处理变得虚实相生、彰显分明、声色相称、动静呼应、层次丰富。

1. 水景的分类

景观中水体的形成有两种方式：一种是自然状态下的水体，如自然界的湖泊、池塘、溪流等；另一种是人工状态下的水体，如水池、喷泉、壁泉等。按水体景观的存在形式可将其分为静态水景和动态水景两大类，静态水景赋予环境娴静淡泊之美，动态水景则赋予环境活泼灵动之美。

1）静态水景

静态水景是指水的运动变化比较平缓、水面基本是静止的景观，水景所处的地平面一般无较大高差变化，因此能够形成镜面效果，产生丰富的倒影，这些倒影令人诗意盎然，易产生轻盈、幻象的视觉感受。除了自然形成的湖泊、江河、池塘以外，人工建造的水池是静态水景的主要表现方式。

2）动态水景

动态水景景观中的水体更多的是以动态水景的形式存在，如喷涌的喷泉、跌落的瀑布、潺潺而下的叠水等。动态水景因其美好的形态和声响，常能吸引人们的注意，因此它们所处的位置，多是醒目或视线容易集中的地方，使其突出并成为视觉中心点。

根据动态水景造型特点的不同，可分为以下几种。

● 喷泉

喷泉是指具有一定压力的水从喷头中喷出所形成的景观，喷泉通常由水池（旱地喷泉，无明水池，如图 7-3 所示）、管道系统、喷头、动力（泵）等部分组成，如果是灯光喷泉还需有照明设备，音乐喷泉还需有音响设备等。

图 7-3　旱地喷泉

喷泉是现代水体景观设计中最常用的一种装饰手法，除了艺术设计上的考虑外，喷泉对城市环境具有多重价值，它不仅能湿润周围的空气，清除尘埃，而且由于喷泉喷射出的细小水珠与空气分子撞击，能产生大量对人体有益的负氧离子。

● 瀑布

这里的瀑布是指人工模拟自然的瀑布，指较大流量的水从假山悬崖处流下所形成的景观。瀑布通常由五部分组成，即上流（水源）、落水口、瀑身、瀑潭和下流（出水）。瀑布的设计要遵循"作假成真"的原则，整条瀑布的循环规模要与循环设备和过滤装置的容量匹配。

- 叠水

严格地说，叠水应该属于瀑布的范畴，但因其在现代景观中应用广泛，多用现代设计手法表现，体现了较强的人工性，故单独列为一类。

叠水是呈阶梯状连续落下的水体景观，有时也称跌水。水层层重叠而下，形成壮观的水帘效果，加上因运动和撞击形成美妙的声响，令欣赏者叹为观止。叠水常用于广场、居住区绿地等景观空间，有时与喷泉相结合。叠水因地面造型不同而呈现出变化丰富的流水效果，常见的有阶梯式和组合式两种。

- 溪涧

溪涧指景观绿地中自然曲折的水流，急流为涧，缓流为溪，溪涧常依绿地地形地势而变化，且多与假山叠石、水池相结合。

2. 水的造景手法

1）基底作用

大面积的水面视域开阔、坦荡，有托浮岸畔和水中景观的基底作用。当水面不大，但水面在整个空间中仍具有面的感觉时，水面仍可作为岸畔或水中景物的基底，产生倒影，扩大和丰富空间。

2）系带作用

水面具有将不同的园林空间和景点连接起来产生整体感的作用。将水作为一种关联因素又具有使散落的景点统一起来的作用，前者称为线型系带作用，后者称为面型系带作用。

水还具有将不同平面形状和大小的水面统一在一个整体之中的能力。无论是动态的水还是静态的水，当其经过不同形状和大小、位置错落的容器时，由于它们都含有水这一共同而又唯一的因素而产生了整体的统一。

3）焦点作用

喷涌的喷泉、跌落的瀑布等动态形式的水的形态和声响能引起人们的注意，吸引人们的视线。在设计中除了要处理好它们与环境的尺度和比例的关系外，还应考虑它们所处的位置。通常将水景安排在向心空间的焦点、轴线的交点、空间的醒目处或视线容易集中的地方，使其突出并成为焦点。

3. 水景设计的要点

- 水景形式要与空间环境适合

比如音乐喷泉一般适用于广场等集会场所，喷泉与广场不但能融为一体，而且它以音乐、水形、灯光的有机组合来给人以视觉和听觉上美的享受；居住区的楼宇间更适合设计溪流环绕，以体现静谧悠然的氛围，给人以平缓、松弛的视觉享受，从而营造出宜人的生活休憩空间。

- 水景的表现风格是选用自然式还是规则式，应与整个景观规划一致，有一个统一的构思。
- 水景的设计应尽量利用地表径流或采用循环装置，以便节约能源和水源，重复使用。

- 要明确水景的功能,是为观赏还是为嬉水,或者仅是为水生植物和动物提供生存环境。如果是嬉水型的水景,则要考虑安全问题,水的深度不宜太深,以免造成危险,水深的地方必须要设计相应的防护措施;如果是为水生植物和动物提供生存环境的水景,则需要安装过滤装置等设备来保证水质。
- 水景设计时注意结合照明,特别是动态水景的照明,往往效果会更好。

7.2.4 景观建筑及小品

景观建筑及小品是指那些体量小巧、功能简单、造型别致、富有情趣、内容丰富的精美构筑物,如轻盈典雅的小亭、舒适趣味的座椅、简洁新颖的指示牌、方便灵巧的园灯,还有溪涧上自然情趣的汀步等。景观建筑及小品既有功能上的要求,又有造型和空间组合上的美感要求,它们作为造景素材的一部分,是景观环境中具有较高观赏价值和艺术个性的小型景观。

1. 景观建筑及小品的特性

1) 功能性

功能性是景观建筑及小品最基本的特性,是指大多数建筑和小品都有实际作用,可直接满足人们的生活需要。如亭子、花架、座椅可供人们休息、纳凉、赏景使用;儿童游乐设施可供儿童游乐、玩耍使用;园灯可提供夜间照明,方便游人行走;公用电话亭提供了通信的方便;小桥和汀步连通两岸,使游人漫步于溪水之上;还有一些宣传廊、宣传牌和历史名人雕塑等则具有科普宣传教育和历史纪念功能。

2) 艺术性

艺术性是指景观建筑和小品的造型设计要新颖独特,能提高整个环境的艺术品质,并起到画龙点睛的作用。

景观建筑和小品的使用有两种情况,一种情况是作为某一景物或建筑环境的附属设施,这种情况小品的艺术风格要与整个环境相协调,巧为烘托,相得益彰;另一种情况是在局部环境中起到主景、点景和构景的作用,有着控制全园视景的功能,并结合其他景观要素,创造出丰富多彩的景观内容。

2. 景观建筑及小品的分类

按照使用性质可以分类为建筑小品、设施小品和雕塑小品。

1) 建筑小品

建筑小品指环境中具有建筑性质的景观小品,包括亭子、廊、榭、景墙与景门、花架、山石、汀步、步石等。这些小品体量一般较大、形象优美,常常成为景观中的视觉焦点和构图中心,并且通过其独特的造型极易体现景观的风格与特色。

- 亭

亭是供人休息赏景的小品型建筑,一般由台基、柱身和屋顶三部分组成,通常四面空透、玲珑轻巧,常设在山巅、林荫、花丛、水际、岛上以及游园道路的两侧。

在现代景观中,按照亭子建造材料的不同,分为木亭、石亭、砖亭、茅亭、竹亭、砼(混凝土)亭、铜亭等;按照风格形式不同,可分为仿古式和现代式。亭子的选址归纳起来有山上建亭、临水建亭、平地建亭三种。

建亭时必须注意以下三个问题：

（1）必须按照景观规划的整体意图来布置亭子的位置，局部服从整体，这是首要的。

（2）亭子体量与造型的选择要与周围环境协调，如小环境中，亭子不宜过大；周围环境平淡单一时，亭子造型可复杂些，反之则应简洁。

（3）亭子材料的选择提倡就地取材，不仅加工便利，又易于配合自然。

● 廊

自然式景观的廊是指屋檐下的过道或独立有顶的通道，它是联系不同景观之间的一种通道式建筑。从造型上看，廊由基础、柱身和屋顶三部分组成，通常两侧空透、灵活轻巧，与亭子很相似。但不同的是，廊较窄，高度也较亭子矮，属于纵向景观空间，在景观布局上呈线状，而亭子呈点状。

廊不仅具有遮风避雨、交通联系的实用功能，而且对景观内容的展开和观赏程序的层次起着重要的组织作用。廊的位置经营通常有平地建廊、临水建廊、山地建廊。

● 花架

花架是用以支撑攀缘植物藤蔓的一种棚架式建筑小品，人们可以用它来遮阴避暑，因为所用的攀缘植物多为观花蔓木，故称之为花架。花架是现代景观中运用得最多的建筑小品之一，它由基础、柱身、梁枋三部分组成。顶部只有梁枋结构，没有屋顶覆盖，可以透视天空，这样一方面便于通风透气，另一方面植物的花朵果实垂下来，可供人观赏。因此，花架的造型比亭子、廊、榭等建筑小品更为空透、轻盈。

花架的造型形式灵活多变，概括起来有梁架式花架、墙柱式花架、单排柱花架、单柱式花架和圆形花架几种。花架按使用的材料和构造不同，可分为钢筋混凝土花架、竹木花架、砖石花架、钢花架。

● 置石小品

置石小品是指景观中数块山石稍加堆叠，或不加堆叠而零散布置所形成的山石景观。置石小品虽没有山的完整形态，但作为山的象征，常被用作景观绿地点景、添景、配景以及局部空间的主景等，以点缀环境，丰富景观空间内容。根据置石方式的不同，可分为独置山石、聚置山石、散置山石。

2）设施小品

设施小品是指为人们提供娱乐休闲、便利服务的小型景观小品，这些小品没有建筑小品那样大的体量和明确的视觉感，但能为人们提供方便，是人们游览观景时必不可少的设施。

设施小品大致可分为两大类：休闲娱乐设施小品和服务设施小品。前者包括圆桌、圆椅、圆凳、儿童游乐设施等，后者包括园灯、电话亭、垃圾箱、指示牌、宣传栏、邮筒等。

● 桌、椅、凳

桌、椅、凳的布置多在景观中有特色的地段，如湖畔、池边、岸边、岩旁、洞口、林下、花间、台前、草坪边缘、广场，一些零星散置的空地也可设置几组椅凳加以点缀。

桌与椅凳的造型、材质的选择要与周围环境相协调，如中式亭内摆一组陶凳，古色古香；大树浓荫下一组树桩形桌凳，自然古朴；城市广场中几何形绿地旁的座椅则要设计得精巧细腻、现代前卫。桌、椅、凳的设计尺度要适宜,其高度应以大众使用方便为准,如凳子高度为45cm左右,桌子高度为70~80cm,儿童活动场所的桌椅凳尺度应符合儿童身高。

- 汀步

汀步是置于水中的步石,也称跳桥,供人蹑步行走、通过水面,同时也起到分隔水面、丰富水面景观的作用。汀步活泼自然、富于情趣,常用于浅水河滩、静水池、山林溪涧等地段,宽阔而较深的湖面上不宜设置汀步。

汀步的设计要注意以下几点:

(1)汀步的石面应平整、坚硬、耐磨,汀步的基础应坚实、平稳,不能摇摇晃晃。

(2)石块不宜过小,一般石宽在40 cm以上;石块间距不宜过大,通常在15cm左右;石面应高出水面6~10cm;石块的长边与汀步前进方向垂直,以便产生稳定感。

(3)水面较宽时,汀步的设置应曲折有变化。同时要考虑两人相对而行的情况,因此汀步应错开并增加石块数量,或增大石块面积。

- 步石

步石是指布置在景观绿地中供人欣赏和行走的石块。步石既是一种小品景观,又是一种特殊的园路,具有轻松、活泼、自然的个性。步石按照材料不同分为天然石材步石和混凝土块步石,按照石块形状不同分为规则形和自然形。

步石的设计要注意以下几点:

(1)步石的平面布局应结合绿地形式,或曲或直,或错落有致,且具有一定方向性。

(2)石块数量可多可少,少则一块,多则数十块,这要根据具体空间大小和造景特色而定。

(3)石块表面应较为平整,或中间微微凸起,若有凹隙则会造成积水,影响行走和安全。

(4)石块间距应符合常人脚步跨距要求,通常不大于60 cm;步石设置宜低不宜高,通常高出草坪地面6~7cm,过高会影响行走安全。

3)雕塑小品

雕塑小品是一种具有强烈感染力的造型艺术,它们源于生活,却赋予人们比生活本身更完美的审美和趣味,它能美化人们的心灵,陶冶人们的情操(图7-4)。

雕塑小品设计时要注意以下几点:

- 雕塑小品的题材应与景观的空间环境相协调,使之成为环境中的一个有机组成部分。如林缘草坪上可设置大象、鹿等动物,水中、水际可选用天鹅、鹤、鱼等雕塑,广场和道路休息绿地可选用人物、几何体、抽象形体雕塑等。

- 雕塑小品的存在有特定的空间环境、观赏角度和方位。因此,决定雕塑的位置、尺度、色彩、形态、质感时,必须从整体出发,研究各方面的背景关系,不能只孤立地研究雕塑本身。雕塑的大小、高低更应从建筑学的垂直视角和水平视野的舒适程度加以推敲,造型处理甚至还要研究它的方位朝向以及一天内太阳起落的光影变化。

- 雕塑基座的处理应根据雕塑的题材和它们所处的环境来定,可高可低,可有可无,甚至可直接放在草丛和水中。现代城市景观的设计,十分重视环境的人性化和亲切感,

图 7-4　雕塑小品

雕塑的设计也应采用接近人的尺度，在空间中与人在同一水平上，可观赏、可触摸、可游戏，增强人的参与感。

7.3　城市公园绿地景观

本节详细介绍城市公园绿地景观设计。首先提出了公园绿地的分类，包括综合性公园、社区公园、专类公园、带状公园和街旁绿地等。随后，针对重点公园绿地，如综合性公园、儿童公园、动物园、植物园和纪念性公园，分别从总体布局、建筑设计、道路及出入口设计、竖向设计、植物配置等方面提出规划设计的原则和设计要点。

7.3.1　公园绿地的分类

我国公园绿地按主要功能和内容将其分类如下：综合性公园（全市性公园、区域性公园），社区公园（居住区公园、小区游园），专类公园（儿童公园、动物园、植物园、历史名园、风景名胜公园、游乐公园、其他专类公园），带状公园和街旁绿地等。

7.3.2　各类公园绿地的规划设计

1. 综合性公园

1）综合性公园的定义

综合性公园是在市、区范围内为城市居民提供良好游憩、文化娱乐活动的综合性、多功能、自然化的大型绿地，其用地规模一般较大，园内设施活动丰富完备，适合各阶层的城市居民进行一日之内的游赏活动。综合公园作为城市主要的公共开放空间，是城市绿地系统的重要组成部分，对于城市景观环境塑造、城市生态环境调节、丰富居民社会生活起着极为重要的作用。

2）综合性公园设计要点

● 分区布局

依据公园基地的自然条件，公园和城市规划、绿地系统、周边用地性质的关系，游人活动类型和行为模式来分区。综合性公园一般设置有科学普及文化娱乐区、安静休息区、儿童活动区、体育活动区、老人活动区和公园管理区。

● 出入口设计

根据城市规划和公园内部分区布局的要求确定游人主、次和专用出入口位置。根据城市交通、游人走向和流量设置出入口内外集散广场、停车场、自行车存车处等，并应确定其规模。

● 竖向设计

应充分利用原有地形、地貌，因势利导地进行改造，尽量减少土方量。地形改造还应该结合分区的功能要求，巧于因借，创造美丽的风景，同时满足排水等工程上的要求，并为不同生态条件要求的植物创造各种适宜的地形条件。

● 道路广场设计

园路系统设计应根据公园的规模、各分区的活动内容、游人容量和管理需要确定园路的路线、分级分类和园桥、铺装场地的位置和特色要求。科学控制园路的路网密度，宜为 $200\sim380m/hm^2$。利用园路对游人所起到的引导和暗示作用，创造连续展示园林景观的空间或欣赏前方景观的透视线，同时要注意园路的可识别性和方向性。

● 园林建筑设计

园林建筑物的位置、朝向、高度、体量、空间组合、造型、材料及色彩，应与地形、地貌、山石、水体、植物等其他造园要素统一协调，其使用功能应在形式上有所反映，同时园林建筑在体量、空间组合、造型、材料及色彩的设计上也要充分考虑建筑物功能活动的特殊需要。

● 植物配置的原则

植物的配置要满足改善环境和生态保护的要求。公园的绿化用地应全部用绿色植物覆盖，采取以植物群落为主，乔木、灌木和草坪地被植物相结合的多种植物配置形式。建筑物的墙体和构筑物可布置垂直绿化，同时要重视植物规格大小的结合、速生慢生的结合、密植疏植的结合和特色植物的搭配，并应选择适应栽植地段地理条件的当地适生种类，并选择寿命较长、病害较少、病虫害少、无针刺、无落果、无飞絮、无毒、无花粉污染的种植种类，合理确定常绿植物、落叶植物和乔木、灌木的种植比例。

2. 儿童公园

1）儿童公园的定义

儿童公园是单独或组合设置的，拥有部分或完善的儿童活动设施，为学龄前儿童和学龄儿童创造和提供以户外活动为主的良好环境，供他们游戏、娱乐、开展体育活动和科普活动并从中得到文化和科学，有安全、完善设施的城市专类公园。

2）儿童公园设计要点

● 总体布局

主出入口要有标志性，并且应和城市交通干线直接联系，尤其和城市步行系统联系紧密；园内主要的广场和建筑应为全园的中心，按年龄段分得各种场地；应采用艺术方式引起儿童的兴趣，使儿童易于记忆；学龄前儿童区应靠近主要出入口，而青年使用的体育区、科普区等应距主要出入口较远处；园内道路应明确捷径，不过分迂回；地形、地貌不宜过于起伏复杂，要注意区内的视线通达。

- 建筑及各种设施

建筑和设施的尺度要与儿童的人体尺度相适应，造型、色彩应符合儿童的心理特点。各种使用设施、游戏器械和设备应结构坚固、耐用，避免构造上的硬棱角。

- 植物

不能选用有刺、有毒、有异味以及引起皮肤过敏的植物种类；乔木宜选用高大荫浓的种类，夏季庇荫面积应大于活动场地范围的 50%；活动范围内灌木宜选用直立生长的中高型种类，树木枝下净空高度应不小于 1.8m；植物种类应尽量丰富，以利于培养儿童对自然界的兴趣。

3. 动物园

1) 动物园的定义

动物园是在人工饲养条件下，移地保护野生动物，供观赏、普及科学知识以及进行科学研究和动物繁殖并且具有良好设施的城市专类公园。

2) 动物园的设计要点

- 总体布局

主要出入口应该与城市的交通干线直接联系，应有一定面积的内、外集散广场和停车场；动物陈列区的兽舍大小组合、集零为整，组成一定体量的建筑群，布局上防止动物生活习性上的相互干扰，同时室内、室外动物活动场地结合，以便游人观赏和动物园总体艺术风貌的形成；后勤管理区和动物陈列区有较好的交通联系，但本身具有较弱的视觉引导力。做到既便于饲养管理，又不成为风景构图的重心；竖向设计充分利用地形并通过改造和创造地形来满足不同生活习性的动物的需要，同时创造优美自然的水景观；道路园内主路应当是最主要最明显的导游线，能明显和方便地引导游人参观展览区。

- 建筑

建筑应和地形、地貌有机结合，融为一体，造型质朴粗犷、充满野趣。

- 植物

植物有利于创造动物的良好生活环境和模拟动物原产区的自然景观，动物运动范围内应种植无毒、无刺、萌发力强、病虫害少的慢长种类植物，创造有特色的植物景观和供游人参观修葺的良好环境，在动物园的周边应设置宽 30cm 的防风、防尘、杀菌林带。

4. 植物园

1) 植物园的定义

植物园是指搜集和栽培大量国外植物，进行植物研究和驯化，并供观赏、示范、游憩及开展科普活动的城市专类公园。

2) 植物园的设计要点

总的原则是在城市总体规划和绿地系统规划的指导下，体现科研、科普教育、生产的功能；因地制宜地布置植物与建筑，使全园具有一定的科学性和艺术性。

- 总体布局

面积较大的植物园需要较多出入口，其主要进出口应与盛水的交通主干线直接联系，从市中心有方便的交通工具可以直达植物园。有一定面积的内、外集散广场和停车场；靠近入口的区域适宜布置科普意义大、艺术价值高、趣味性强的展区，形成植物园的活动中心和构图中心，如植物展览馆、展览大温室、花卉展览馆等和各类面积不大的展区。离入口较远的区域适宜布置专业性强、面积大的展区。科研及苗圃区可以远离主入口，但应和展览区的主要部分有较好的联系，区内土壤、排水条件好，有单独的出入口。在竖向设计上应配合适当的地形改造，形成不同的小气候，创造多种生态环境来适应不同植物种类的生存。园路系统等级明确，充分满足交通和导游功能。展览区路网密度应明显高于科研及苗圃区。

- 建筑

可结合广场形成建筑群成为全园的构图中心，亦可分散和环境结合形成景点。建筑风格宜现代、轻快，体现科技含量。

- 植物

物种上应广泛收集植物种类，特别是收集那些对科普、科研具有重要价值和在城市绿化、美化功能等方面有特殊意义的植物种类。植物园展览区的种植设计应将各类植物展览区的主题内容和植物引种驯化成果、科普教育、园林艺术相结合，种植形式及种类基本上采用自然式，有密林、疏林、树群、孤植树、草地花丛、花镜等。不同科、属间的树种，由于形态差别大、易于区别，可以混交构成群落；同属不同种的植物，由于形态区别不大，不宜混交。同一树种种植密度应有变化，以便观察不同的生长状况。

5. 纪念性公园

1）纪念性公园的定义

纪念性公园是指在历史名人活动过的地区或著名历史事件发生地附近建设的具有一定纪念意义的公园，它既有一定的纪念意义和教育意义，同时也是为城市居民提供休息、游览的场所。

2）纪念性公园的设计要点

- 总体布局

纪念公园的平面布置多为规则式，具有明显的主轴线、轴线，形成左右或者两侧对称，而主题建筑、雕塑等布置在端点上，以突出纪念性的主题；出入口区的平面通常为规则构图，体现庄严、肃穆的气氛，应有相应的人流集散、小型集会的场地。纪念区通常和出入口区有直接的路径和视觉联系，采用规则构图，沿轴线展开景观序列，渐次增强地营造某种纪念主题的氛围。游憩区结合自然地形、地貌，通常采用自然风景构图，做到将景色、活动和环境相结合。管理区尽可能远离公园主轴线，控制功能区的面积和建筑体量，尽量隐蔽并有其单独的对外联系出入口。在竖向设计上可采用台地或主景升高等造园手法配合营造纪念气氛，亦可利用基地原有的山水格局适当改造后形成的空间虚实、开合变化来配合组织纪念主题景观序列。

- 建筑

纪念性公园多以纪念性的雕塑或建筑作为主景，以此来渲染突出主题。雕塑形式多为具象雕塑，如人物雕塑或某一历史事件的群雕等。建筑物一般是展览馆、陈列室、纪念堂等，常用来陈列和展览相关历史材料；应符合纪念园林的内容、规模和特色，立面构图尽量采用简洁的体量和虚实对比，和其他造园要素融为一体，增强全园雕塑感和纪念感。

- 植物

入口广场和纪念园周围多用规则栽植，以常绿树为主，不强调季相变化，配合其他园林要素，营造某种纪念气氛。游憩区的植物应在和纪念区的骨干树种相呼应的同时选择乡土观赏树种，注意色彩搭配、季节变化、层次变化。

7.4 居住区绿地景观

本节首先详细介绍居住区绿地景观的分类，其次介绍居住区绿地景观设计的基本原则以及各类居住区绿地景观的设计要点，最后提出居住区绿地景观规划设计过程中需要注意的主要问题。

7.4.1 居住区绿地的分类

根据《城市居住区规划设计标准》(GB 50180—2018)规定：居住区按照居民在合理的步行距离内满足基本生活需求的原则，可分为十五分钟生活圈居住区、十分钟生活圈居住区、五分钟生活圈居住区及居住街坊四级。

居住区绿地主要包括各级生活圈居住区公共绿地、居住街坊内的集中绿地和宅旁绿地。

公共绿地是为各级生活圈居住区配建的可供居民游憩或开展休闲、体育活动的公园绿地及街头小广场。各级居住区公园绿地应构成便于居民使用的小游园和小广场，作为居民集中开展各种户外活动的公共空间。

集中绿地和宅旁绿地是居住街坊结合住宅建筑布局设置的绿地，以利于为老年人及儿童提供在家门口日常户外游憩及游戏活动的场所。其中，集中绿地的宽度不应小于 8 米。

此外，居住区还涉及各级道路绿化、公共建筑和公用设施附属绿地，以及街坊内住宅建筑之间的宅间绿地、住宅庭院内的绿化，也涉及住宅区外围绿化隔离绿带，等等。

7.4.2 各级生活圈居住区公共绿地景观设计的要点

居住区内公共绿地的绿化景观营造应遵循适用、美观、经济、安全的原则，并应符合下列规定：

(1)充分利用现有场地的自然条件，宜保留并利用已有的树木、绿地和水体，营造绿化景观和活动场地，创造园林意境，满足人们的审美和游览要求。

(2)绿化要适地适树，考虑经济性和地域性原则，植物配置应选用适宜当地气候和土壤条件、耐瘠薄、抗性强、对居民无害的地带性乡土树种。

(3)采用乔、灌、草相结合的复层绿化方式，以乔木为主，搭配花卉、群落多样性与特色树种相结合，发挥植物群落的生态效益，达到有效降低热岛强度的作用。

(4)注重落叶树与常绿树的交互配置，满足场地及住宅建筑冬季日照和夏季遮阴的需求，为居民提供良好的绿化景观和居住环境。

（5）结合气候条件采用垂直绿化（建筑屋顶和外墙）、退台绿化、底层架空绿化等多种立体绿化形式，丰富景观层次，增加环境绿量，进而发挥生态效用。

（6）绿地应结合场地雨水排放进行设计，并宜采用雨水花园、下凹式绿地、景观水体、干塘、树池、植草沟等具备调蓄雨水功能的绿化方式。

7.4.3　居住街坊绿地景观设计的要点

居住街坊内的绿地应结合住宅建筑布局设置集中绿地和宅旁绿地，并应符合以下规划设计要求：

（1）充分利用自然地形和原有绿化基础，尽可能和街坊公共活动场地或商业服务中心结合布置，集中绿地宽度不应小于8m，方便居民在家门口日常户外活动的需求。

（2）既要考虑植物配置以及对建筑的遮挡与衬托，更要考虑居民生活对通风、光线、日照的要求，花木搭配应简洁明快，树种选择应按三季有花、四季常青来设计。

（3）就近安排儿童活动的游戏场地，其布置、内容、形式、造型及色彩要符合儿童的心理、兴趣爱好和游戏玩耍的特点，形成丰富活泼的空间，增添对儿童的吸引力。

（4）设置适宜老年人休憩、体育锻炼和人际交往的设施和场地，满足其日常户外活动的需要。

（5）考虑到居民的安全健康，应选择病虫害少、无针刺、无落果、无飞絮、无毒、无花粉污染、不易导致过敏的植物种类。

（6）结合住宅建筑加强立体绿化，包括建筑屋顶和外墙，搭配藤本、草本、花卉、果树、药用、观赏植物，增加绿量以及建筑物的艺术效果。

（7）注重居住街坊绿地同各级生活圈居住区公共绿地、道路绿化、周围城市园林绿地的妥善衔接，构建连续的绿地景观和公共空间系统。

7.4.4　居住区绿地景观设计需要注意的问题

随着社会经济的发展，城市居民的生活质量不断提高，居民对生活环境的美化绿化要求也越来越高。环境绿化作为改善生活环境的重要组成部分，其作用已日益被人们重视。居住区的环境绿化作为城市生态环境的重要组成部分，对调整城市生态环境起着重要作用，同时它又是居民休闲、娱乐、交友、体育活动的场所，是人们生活质量的一种标志。在具体规划设计时，应注意以下几个问题：

（1）正确处理建筑与绿化的关系，使建筑艺术与造园艺术有机地结合起来，创造出最佳的环境效果。在住宅区规划建设时应尽量提高绿地面积，考虑屋顶及墙体等的立体绿化，运用平面绿化与立体绿化的多种手段，提高绿化覆盖率，为居民创造接近自然的绿化环境条件。

（2）继承和发扬我国造园艺术的传统，吸取国外先进经验，在设计过程中力求做到借古鉴今、中西结合，为居民营造接近自然、生态良好的温馨家园。

（3）绿地景观和树种选择需要体现地方特色和风格，深入分析居民所在城市文化特征，因地制宜，巧于因借，充分利用原有自然环境与气候条件，用最少的投入和最简单的维护实现设计与地方风土人情、居民生活习惯及文化氛围相融合的境界。

（4）绿地景观设计是一种以自然美为特征，并且综合植物、建筑、小品等要素形成的多维立体空间造型艺术。因此，在统一的形式基础上需要充分运用对比与调和、韵律节奏、主从搭配等设计手法进行规划设计。

（5）注意与周围环境配合，与邻近的建筑群、道路网、绿地等取得密切联系，使其自然地融合在城市之中。一个完整的居住区绿地应设置观赏游览区、无噪声活动区、儿童活动区、文娱活动和体育活动区等，满足不同层次人们的需求。

（6）充分利用市容现状及自然地形，要因地制宜，以利用为主，改造为辅，就地掘池，因势掇山，力求达到园内填挖土方量平衡；地形设计要充分考虑园林的使用功能、园林景观、园林工程、园林植物生长等诸方面的要求，合理开掘布局。

（7）规划设计要切合实际，便于分期建设及经营管理。

7.5　街道广场绿地景观

本节首先介绍道路广场绿地的分类，随后介绍街头绿地和口袋公园的概念以及设计要点、步行街绿地和林荫道绿地的定义以及规划设计要点、滨河道绿地的规划设计要点，最后重点介绍广场绿地的分类、广场规划设计原则以及广场的规划设计要点。

7.5.1　道路广场绿地的分类

道路广场绿地主要包括道路绿地和广场绿地。其中，道路绿地又分为车行道路绿地、步行街绿地、林荫道绿地和滨水带绿地。此外，道路广场绿地还包括街头绿地和口袋公园。下面重点针对各类绿地进行具体讲述。

7.5.2　街头绿地和口袋公园

1. 概念

1）街头绿地的概念

街头绿地通常指位于道路、居住区和商业区附近的中小型公共绿地，具有游憩、景观、生态、防灾等功能，它既是城市绿地系统的重要组成部分，也是城市景观空间的重要观赏界面，对改善城市生态、丰富城市街景和塑造城市特色具有重要意义。

2）口袋公园的概念

口袋公园（Vest-pocket Park）指规模较小的城市开放空间，它可以是小型公园和游园，或者是小型广场和运动场所，抑或是各类城市建设用地的附属绿地等。在城市空间中，呈点状、线状，或是由多种空间结合形成混合状的构成形态和分布方式，为城市居民高频率日常观赏停留和休闲娱乐提供便捷服务。综合相关标准及国内外研究案例，口袋公园的规模为 $0.03 \sim 1 hm^2$。服务半径的 $300 \sim 500$ 米，方便人群在 5 分钟内步行可达。

2. 植物配植设计要点

1）从景观形象和服务功能需求进行植物造景

（1）街头绿地植物品种的配置数量和比例应满足生态多样性要求，在植物配置上，选择四季地方树种，多种乔木、乔灌草结合。遵从配置的艺术性，创造赏心悦目的街头形象和观赏效果。

（2）口袋公园植物造景设计总体上依据生态学和园林美学搭配常绿和落叶品种，乔、灌、藤、草相结合，营造四季变化的景色，创造具有观赏价值的开放空间。

具体而言，根据所处功能区域（如商业区、办公区、居住区等），使用群体的行为特点及活动需求进行植物造景设计。位于商业空间和居住空间的口袋公园，可设置水景体验区、儿童游乐区、运动健身区等，为上班族、老年人及儿童等提供适宜的场地使用需要。儿童游乐区植物配置应注重色彩、庇荫效果，以及选择无毒、无刺的植物。

口袋公园植物配置还需处理好公园与建筑、街巷相邻接的边缘空间的关系。例如，与商业性建筑相邻的口袋公园，结合建筑出入口的交通流线，可在紧邻建筑的空间设置精致的花坛，种植低矮的花灌木加以点缀。另外，一些口袋公园以建筑限定边界，为了软化建筑生硬的立面，常常运用绿色树墙形式去界定垂直空间，营造舒适宁静的场所氛围。

位于美国纽约的佩雷公园（Paley Park），是世界上第一个真正意义的口袋公园。公园呈"U"形，三面环墙，一面朝向街道，以植物、水景为主要景观元素，设置皂荚树树阵广场、水幕瀑布墙，左右两边墙面种植爬山虎和常春藤等藤本植物，为附近上班族和过往行人创造休憩、交谈、聚会的场所。该公园缓解了纽约高密度城市中绿色空间及公共活动场所缺乏的问题。

2）注重融入地域性植物传统文化和深远意境

建立我国本土植物文化传承的设计思维，注重保护作为地方精神依托的古树名木或标志性风水树，配置乡土树种以塑造具有地方特色的植物景观。

位于厦门的美仁园，一处展现当地人文自然特质的口袋公园，植物配置选择了亚热带遮阴效果较好的乔木如凤凰木和榕树，以及富有自然野趣的灌木及地被如山樱花、三角梅、蒲苇。

3）生产性种植融入城市环境以丰富城市绿色景观

目前，在我国一些城市的街头绿地和口袋公园，改造其部分土地用作生产性种植，栽植地方树木花卉和当地人喜欢食用的植物，开辟既可食用又具装饰性的都市农园，成为城市植物种植设计的重要组成部分。

7.5.3 步行街绿地

1. 定义

步行街是指在交通集中的城市中心区域设置的行人专用道，在这里原则上排除汽车交通，外围设停车场，是行人优先活动区。步行街是城市步行系统的一部分，是为了振兴旧区、恢复城市中心区活力、保护传统街区而采用的一种城市建设方法。

2. 步行街规划设计要点

1）空间布局

步行街的空间氛围应该是相对开朗的，布局应根据商业活动的规律，在平面上有疏有密，紧邻商业活动最集中的地方要留有空间，供人们休息游玩的地方要相对密实。在街里有藏有露，商业和文化设施要显而易见，休闲设施要适当掩藏。

2）步行街的植物配置

步行街的植物配置需呼应各功能空间的气氛和要求，既能发挥生态绿色功能，又能体现符合功能的美化效果。

两侧的植物距商业建筑至少 4m，可选择树池或树台式种植行道树。行道树的栽植株距要适当加大，最好和店铺与店铺之间的交界线对应，避免遮挡商铺。

在内部，商业展示和文化表演区的乔木应冠高荫浓，留出较高的树冠净高度，一般多结合场地配置成对植、行植或孤植景观，周边可结合人流的疏导布置一些色彩艳丽和图案精美的花坛，游人休息区可种植成行成列的乔木，中间设置休息的座椅，以较好的遮阴提供良好的休息空间；文化展示区的植物应丰富多彩，乔木和花池（台）结合，用绿地分隔成块，形成并协调烘托展示空间，特色小吃和旅游纪念品经营地应采用乔灌木结合，规则或自然的配置形成隔离围合的空间。对于地下情况不容许种植乔木的，应使用可移动的大木箱或其他大型箱式种植器来种植乔木进行摆放。

3）路面铺装

商业步行的路面铺装既要有丰富多彩的色彩和纹理变化，也要充分展示地面的文化性，从材质、色彩、纹理和图案方面进行创造设计，如成都春熙路步行街将雨水井盖板设计成原有老店和名店的招牌，琴台路地面铺装展示蜀文化风采的青色花岗岩，昆明南屏步行街路面嵌有老昆明地图和儿童游戏景观小品等。

4）街景小品

街景小品的形式很多，既有单纯满足休闲乘坐功能的，也有提供观赏品位的，或者两者兼而有之的，具体应根据商业步行街总体的规划文脉来综合设计，共同营造统一协调的景观特色。

5）灯具照明

商业步行街是城市人为活动最长的公共场所之一，白天可购物休息，晚上可乘凉集会及夜宵。其灯光照明在色彩上应丰富多彩，形式上应多种多样，空间上应呈三维立体形式布置，色彩方面在满足基本照明功能的基础上要营造绚丽迷人、浪漫温馨的都市夜景。

7.5.4　林荫道绿地

1. 定义

林荫路是指具有一定宽度，与城市道路平行，以乔木种植为主，形成较大的遮阴面，可供附近居民和行人短暂地散步休息，并可以从事一定文体活动的带状城市道路绿地。林荫路属于城市道路绿地的一种，因内部具有一定的休憩设施并能进行一些简单的活动而具有城市带状公园的特征。

林荫路应该具有一定的宽度，至少能种 4 排乔木林带，并能在纵向上安排 1 条以上的人行游步带，因而最简单的林荫路宽度应大于 9m。

林荫路需能形成最大的遮阴面积，达到林荫的效果，因此乔木种植面积要求较大，参照森林中较为适合游憩活动的水平封闭度来推算，乔木种植面积要在 70% 以上才能满足需求。

2. 林荫道规划设计要点

（1）必须设置游步路。可据具体情况而定，但至少在林荫道宽 8m 时有 1 条游步路；宽度在 8m 以上时，设 2 条以上为宜。

（2）车行道与林荫道绿带之间要有浓密的绿篱和高大的乔木组成绿色屏障相隔，一般立面上布置成外高内低的形式。

（3）林荫道中除布置游步小路外，还可考虑小型的儿童游戏场、休息座椅、花坛、喷泉、阅报栏、花架等建筑小品。

（4）林荫道可在长 75~100m 处分段设立出入口，各段布置应具有特色。但在特殊情况下，如大型建筑的入口处，也可设出入口，同时在林荫道的两端出入口处，可使游步路加宽或设小广场。但分段不宜过多，否则影响内部的安静。

（5）林荫道设计中的植物配置要以丰富多彩的植物取胜。道路布置应具有特色，道路广场面积不宜超过 25%，乔木应占地面积 30%~40%，灌木占地面积 20%~25%，草坪占10%~20%，花卉占 2%~5%。南方天气炎热，需要更多地遮阴，故常绿树的占地面积可大些；在北方，则以落叶树占地面积较大为宜。

（6）林荫道的宽度在 8m 以上时，可考虑采用自然式布局；宽度在 8m 以下时，多按规则式布置。

7.5.5 滨河道绿地

（1）滨河道的绿化一般在临近水面设置游步道，最好能尽量接近水边，因为行人习惯于靠近水边行走，故游步路的边缘要设置护栏。

（2）如有风景点可观时，可适当设计成小广场或凸出水面的平台，以便供游人远眺和摄影。

（3）滨河林荫道一般可考虑树木种植成行，岸边有护栏，并放置座椅，供游人休息。如林荫道较宽时，可布置得自然些，有草坪、花坛、树丛等，并有简单园林小品、雕塑、座椅、园灯等。

（4）滨河林荫道的规划形式取决于自然地形的影响。地势如有起伏，河岸线曲折及结合功能要求，可采取自然式布置。如地势平坦，岸线整齐，与车道平行者，可布置成规则式。

（5）可根据滨河路地势高低设成平台 1~2 层，以踏步联系，可使游人接近水面，使之有亲切感。

（6）若滨河水面开阔，能划船和游泳时，可考虑以游园或公园的形式，容纳更多的游人活动。

7.5.6 广场绿地

1. 分类

广场绿地主要包括集会广场、纪念性广场、宗教广场、交通广场和商业广场。

集会广场是指用于政治、文化集会、庆典、游行、检阅、礼仪、传统民间节日活动的广场，包括市政广场和宗教广场等类型。

纪念性广场是为了缅怀历史事件和历史人物，在城市中修建的一种主要用于纪念性活动的广场。

宗教广场多修建在教堂、寺庙前，主要为举行宗教庆典仪式服务。

交通广场包括站前广场和道路交通广场，它是城市交通系统的有机组成部分，起到交通、集散、联系、过渡及停车的作用。

商业广场包括集市广场、购物广场。现代商业广场往往集购物、休闲、娱乐、观赏、饮食、社会交往于一体，成为社会文化生活的重要组成部分。

2. 广场规划设计原则

1）整体协调原则

作为一个成功的广场规划设计，整体协调是最重要的。整体协调包括功能和环境两方面。功能上一个广场应有其相对明确的功能和主题，在这个基础上，辅之与其相配合的功能，这样广场才能主题分明，特色突出。环境上要考虑广场与周边建筑、与城市地段的时空连接，在规模尺度上也应做到与城市和性质的匹配。

2）以人为本原则

现代城市广场规划设计要充分体现对人的关怀，以人的需求和人的活动为主体，强调广场功能的多样性、综合性，强化广场作为公众中心的"场所"精神，使之成为舒适、方便、富有人情味、充满活力的公共活动空间。

3）个性特色原则

广场是城市的窗口。每个广场都应有自己的特色，特色不只是广场形式的不同，更重要的是广场设计必须适应城市的自然地理条件，必须从城市的文化特征和基地的历史背景中寻找广场发展的脉络。

3. 广场规划设计要点

1）注意空间划分

城市广场一般都比较大，需要划分成不同的领域，以适应不同年龄、不同兴趣、不同文化层次的人们开展多种活动的需要。广场空间应以块状空间为主，线状空间不适合活动的开展。如原西单文化广场线状空间过多，影响活动，现在已进行了改动，效果较好。

2）适当增加构筑物

有关研究表明，人们在广场中用于进出和行走的时间约占20%，而用于各种逗留和活动的时间约占80%。人的逗留和活动行为总是选择那些有所依靠的地方，人们宁愿挤坐在台阶和水池壁上，也不愿意坐在没有依靠的空地上，所以广场不能过于空荡，要有一定的构筑物，如柱子、廊架、台阶、林荫树、花地、栏杆等。现在许多广场以草坪为主，一马平川，很不合理。

3）绿化

广场绿化从功能上讲，主要是提供在林荫下的休息环境，它可以调节视觉、点缀色彩，所以可以多考虑铺装结合树池以及花坛、花钵等形式，其中花坛、花钵最好结合座位。大树，特别是古树名木应该作为重要的构成元素融进广场的整体设计之中。广场绿化要和广场的其他要素作为一个整体统一协调。

4）交通组织

过去的广场与街道是一个步行系统，而现在机动车道往往将行人与广场分开，所以广场设计一定要解决好进出和停车的问题，可以采取立交方式。安全方便是前提，千万不可忽视。

5）广场铺装

广场是室外空间，铺装应以简洁为主，切忌室内化倾向，同时要与功能结合，比如通过质感变化，标明盲道的走向，通过图案明暗和色彩的变化，界定空间的范围等，可使用水泥方砖、广场砖、混凝土创造出许多质感和色彩搭配的组合。

6）小品与细部

圆凳是广场最基本的设施，应布置在空间亲切宜人，具有良好的视野条件并且有一定的安全感和防护性的地段。此外，园林小品设计必须提供辅助座位，如台阶、花池、矮墙等，往往会收到很好的效果。喷泉水景的设计要考虑气候条件，最好能与活动相结合，而不单单是让人看，这也是广场水景的一个特点，但要注意避免广场园林小品化的倾向。

7.6　滨水绿地景观

水是生命之源，孕育了人类的文明。"智者乐水，仁者乐山"，充分体现了人们对山水的"情有独钟"。无论在古代还是现代，人们都比较喜欢依山傍水居住。水在城市中的作用如同血脉和人体的关系，密不可分，息息相关。

历史表明，许多有魅力的城市，不仅因为它们拥有开阔的滨水空间，更因为它们拥有景色怡人的绿色空间。"滨水地带"对于人类有着一种内在的、与生俱来的持久吸引力。有水有湖的城市（如杭州、昆明、芜湖等），以及有海的城市（如青岛、威海、三亚等）都是中国居民最向往的旅游和生活的城市。城市因水而兴，因绿而走向永恒。法国巴黎的塞纳河任凭几个世纪的纷争，一直用她宽厚、温暖的绿色传达着阳光的信息。

因此，城市滨水区景观是人与自然共同作用的城市空间，是城市中最具生命力的景观形态，是最能引起城市居民兴趣的地方。

7.6.1　城市滨水绿地的设计原则

1. 系统与区域原则

在进行滨水景观规划时，首先应该对江、河的汇水范围，从区域的角度，以系统的观点进行全方位的考虑。需要解决的问题有控制水土流失，调配水资源使用，对重大水利和工程设施进行环境评价，协调城市岸线和土地使用，特别是要控制城市用地对江河的侵占，综合治理环境污染，做好污水截流和市政设施配套等。这些问题的解决，是滨水景观规划设计的基本保障。

2. 功能的多样性原则

城市滨水区的整治不单纯是解决一个防洪问题，还应包括改善水域生态环境，改进江河的可及性与亲水性，增加游憩机会，提高滨水地区土地利用价值等一系列问题。设计应强调丰富而复合的多样化土地利用规划，结合居住、商业、办公与休闲娱乐的机会，促进环境、人气和生命力。现代社会消费和生活方式的特点要求将购物、娱乐、文化教育、健身、休闲等活动有选择地交叉进行，这样才能保持新鲜感。多功能的使用规划布局正好满足这一需求。

3. 场所的公共性原则

在规划中，"城市水体是市民共有的财富"这一观念一直是设计者最基本的理念。城市滨水绿地作为公共场所，以其独特的环境优势吸引众多游人去那里散步、休闲，在滨水绿地的规划设计中，应体现场所的公共性原则，为社会全体公众提供滨水游赏的空间。应注重设置可以集中活动的场地，以满足人们交往的需求。

4. 人的亲水性原则

人在滨水区环境中的行为和心理特征就是亲水性。现代城市规划设计的本质应是体现人本关怀，因此城市水环境设计一个很大的目的就是要创造一个舒适的亲水环境，所谓的亲水设计也就是能够让人们容易亲近水的设计。力求将优美的江、河、海的风光组织到滨水风景观赏线中，给游人开辟以水为主的多样化的游憩条件。

5. 自然生态原则

设计时应依据景观生态学原理模拟自然江河岸线，以绿为主，运用天然材料，创造自然生趣，保护生物多样性，增加景观异质性，强调景观个性，促进自然循环，构架城市生境走廊，实现景观的可持续发展。

6. 文脉延续原则

滨水地区是一个城市发展最早的区域，城市的滨水区域总是隐含着丰富的历史文化的痕迹，所以滨水绿地的规划设计应注重历史人文景观的挖掘。规划设计要充分考虑区域的地理历史环境条件，发掘历史传统人文景观资源，同时满足使用功能和观赏要求才能创造出思想内涵较深刻，各具特色的滨水景观。

7.6.2　规划设计要点

1. 滨水绿地空间环境的实体形态

由于滨水区在城市中多以线型延伸，并展现出边沿的空间形态，从而为人们感知城市风貌，控制城市的天际线提供了良好的条件。在景观布局上，强调将滨水区置于城市的整体环境氛围中，充分发掘水文化的优势，使两岸及水系沿线的文物景点联系起来，以取得综合景观效应，并以此控制岸线、滨水道路和建筑的设计。在滨水区景点、景区的设计中，以滨水区线性的内在秩序为依据，以延展的水体为景线，形成从序曲、高潮直至尾声的景观走廊，在提供感知水景最佳视点的同时，也成为一道滨水风景线，并与水共成佳景，升华水景特色。

2. 滨水绿地的交通组织

城市滨水区的交通体系，首先是为市内的人们提供便利的交通，把人们吸引到水边；其次是让人能容易接触到水。因此，按照与穿越滨水区的城市干道的位置关系，滨水区交通体系可分为三个层次——外部交通、内部交通和两者间的联系。

1) 外部交通

城市滨水区外部交通需要为市民到达滨水区提供便捷的交通体系，鼓励多种交通方式的运用，使步行者、乘公共交通者能方便地进入滨水空间，同时也为驾车前来的人安排停车场。

2）内外交通的联系

穿越滨水区的城市干道会阻碍其与市区的联系，交通道路作为异质空间往往破坏了城市与水域的关联性和整体感，形成空间的破碎，它大大降低了人们步行前来观光的意愿。为尽量减少穿越滨水区的主要交通干道对整体环境的影响，通常的做法是地下化和高架处理。

3）内部交通

城市滨水区的内部交通应尽量减少机动车对环境的干扰。滨水区内部交通包括有亲水散步道和游憩步道，提供跑步、自行车、滑板等健身活动的运动交通空间和游览电瓶车、管理用车的行驶道。除亲水散步道紧邻水岸布置外，其他设施彼此间相互穿插，给游人带来丰富的空间感受。

3. 滨水绿地植物配置

（1）绿化植物的选择以培育地方性的耐水植物或水生植物为主，同时高度重视水深的复合植被群落，它们对河岸水际带和堤内地带这样的生态交错带尤其重要。

（2）在湿地的河岸或一定时期水位可能上涨的水边，宜选择生长强健、根系发达、能耐水湿的树种。根据离水面的高宽度不同，宜选择适应性不同的色叶或常绿树种。

（3）城市滨水绿地绿化应尽量采用自然化设计，模仿自然生态群落的结构。

7.7 重要建筑环境植物景观配置设计

城市重要建筑涉及标志性建筑物、标志性构筑物、纪念性建筑以及建筑群等。其中，城市建筑群包括城市（建筑）综合体、产业建筑群、住宅建筑群和遗址建筑群等。在进行重要建筑环境植物种植设计时，需要契合场地环境特征，反映自然生态属性和美学艺术特性，建立建筑与环境共生的设计观。

7.7.1 标志性建筑和构筑物

1. 概念

城市标志性建筑和构筑物往往具有与城市环境和文化紧密结合的特征，具有空间识别性，成为空间结构的组成部分。它一般包括单体标志性建筑和构筑物，以及标志性建筑群两方面，诸如市政厅、教堂、剧院、车站等标志性建筑，以及牌楼、古桥等标志性构筑物。另外，一些塔式建筑（如巴黎埃菲尔铁塔）和商业金融建筑（如纽约洛克菲勒中心）也是城市标志性建筑或建筑群。

2. 植物配置设计要点

（1）通过绿化空间为配景去烘托作为主景的标志性建筑和构筑物。

（2）植物种类在高度、色彩、形式，以及主景（建筑）与配景（绿化）的关系对比中强调主景并达到和谐。

比如，矗立在巴黎塞纳河畔的埃菲尔铁塔，高耸的钢架镂空结构的建筑和较大尺度中轴线上水平延展的平坦宽阔与几何规整的绿草坪广场、两侧整形对称布局的绿植形成强烈对比，以突出这座标志性建筑的雄伟挺拔。

7.7.2　纪念性建筑

1. 概念

纪念性建筑一般为纪念某些重要人物或历史事件而建造的建筑，它围绕特定的主题思想和满足纪念活动的需要进行环境设计，搭配与主题相关的构景要素如纪念碑、雕塑、标志、水景、地面纹理、植栽等，表现空间的历史价值和纪念意义。

2. 植物配置设计要点

（1）植物造景可以围绕轴线有序组织，采取对称均衡的布局形式以烘托肃穆庄重的环境氛围与视觉美感。

（2）植物造景也可以采用不规则、非对称的布置形式展开序列性的空间层次，让人们能够体验与遐想。

（3）植物配置可考虑以常绿树为主，如松柏、冬青、黄杨等，搭配季节性花木，如梅花、杜鹃、玉兰等，创造纪念性的形象和意境。

（4）注重挖掘纪念性建筑（或建筑群）所在场地的古树名木，以及加强建筑与植物的整体性保护设计。

7.7.3　建筑群

1. 建筑群

1）概念

城市建筑群注重以轴线、地标、界面、开敞空间系统等塑造和谐的三维空间形态，包括城市（建筑）综合体、产业建筑群、住宅建筑群和遗址建筑群等类型。

2）植物配置设计总体要求

中国传统哲学思想追求"天人合一，道法自然"，这种思想在植物种植设计中主要表现为尊重植物地域性生长特性，反映植物群落自然之美。

城市建筑群环境植物配置设计遵循适地适树的原则，既统一又富于变化。通过植被的形式、尺度、色彩的变化区分主次植物景观。通过植被景观内在的结构和布局设计，创造具有秩序和良好体验的环境空间。

2. 住宅建筑群

1）概念

住宅建筑群是将若干栋住宅集中紧凑地布置，形成整体关联的住宅组织形式，例如公寓住宅综合体。住宅建筑有低、多、高层等层数和单元式、公寓式、复式、独立式等类型，以及行列式、点（塔）状、围合式、混合式等住宅群体布局。

2）植物配置设计要点

（1）注重常绿与落叶树种搭配，乔木、灌木、花叶类相结合，形成四季变化的植物景观。

（2）植物种植尽可能集中在住宅建筑群向阳（向南）的一侧。在东西两侧和西北侧可种植高大乔木以遮挡夏日骄阳和阻挡冬季寒风。为发挥生态效益，可以适当密植。

（3）为提升住区环境质量，拓展绿色新空间，创造立体式绿化景观，可选择爬山虎、常春藤、紫藤、地锦、蔷薇、金银花等攀缘植物加强住宅群立面垂直绿化。同样地，可选择低矮花灌木、地方食用植物加强屋顶绿化，开辟都市农园并使之成为实用、精美的景观花园。

3. 城市(建筑)综合体

1) 概念

城市(建筑)综合体是将商品零售、商务办公、餐饮休闲、文化娱乐、金融贸易、酒店、交通等功能协同组合、空间紧凑布局的一种建筑群类型。在城市(建筑)综合体中，商业办公酒店综合体、TOD商业综合体是较为典型的综合体。

城市(建筑)综合体更多体现为建筑和环境融合的综合体，诸如建筑与室内外廊道、步行商业街、广场、绿化、运动场地等公共空间的交织联结，以满足城市生活的多方面需求。

2) 植物配置设计要点

（1）当建筑群及环境设计呈现水平成组成群布置时，应注重广场、绿地、公园、休憩等公共区域的植物种植，以创造绿意盎然的景观形象。

（2）对于建筑群的立体复合发展形态，可适当增加绿植覆盖率和活动空间，利用建筑群屋顶设置空中花园、天空农庄、运动场地等设施。

（3）建筑群的植物造景根据场地特征和功能区域，可采取行道树、树阵、花坛、街头绿化、庭院植栽及屋顶绿化等多样化的种植方式和立体绿化效果。

本 章 小 结

1. 界定了城市景观和城市绿地景观的概念，以及城市绿地景观的分类。

2. 详细地介绍了城市绿地景观构成的四大要素——植物、地形、建筑物及小品和水景。城市绿地景观的构成要素是绿地景观设计和建设的基础，各要素的掌握和灵活运用是进行绿地景观设计的必备前提，重点是各要素的分类以及其规划设计要点。

3. 分别对各类绿地景观(公园绿地景观、居住区绿地景观、道路广场景观、滨水绿地景观)提出了有针对性的规划设计要点和原则。

4. 阐述住宅建筑群、城市(建筑)综合体环境植物景观配置设计要点。

思 考 题

1. 城市绿地景观构成的四大要素。

2. 城市公园绿地的规划原则和规划设计要点。

3. 城市广场的规划设计原则和规划设计要点。

4. 滨水绿地景观的规划设计原则和规划设计要点。

5. 举例说明城市重要建筑环境植物景观配置设计要点。

第8章 城市设计控制技术

8.1 在城市设计中介入的工具

城市设计涉及五大领域：自然环境、街道设施（其中包括适宜的场所）、公共空间、景观及建筑环境。这些领域都不可能被孤立地考虑，相反在城市设计中涉及的每个领域之间存在着必然的相关性，在某些规划控制参数中也存在联系。因此以建筑作为参照制定的控制指标系统（高度控制、体积控制和建筑内部控制）及控制条例，同样也与景观美化、街道的控制系统息息相关。我们确定这些条例及指标如同在城市设计中介入的特殊工具。

8.2 城市设计指导条例

在城市设计领域里应该遵循系统性指导准则的整体。城市设计应该求助于这个整体准则，它包括以下几个方面：环境因素及整体、建筑设计、公共空间、场所、视觉所涉及的领域。也就是说，城市设计指导准则要与每个涉及的领域相适应，应该确定控制要素以及使用的背景，确定衡量的类型或建立有用的评价类型，并引入特别有用的手段，例如确定建立的区划容许到达的预期目标。

8.2.1 涉及环境因素的指导准则

1. 涉及自然环境的指导准则

1）保证公共空间日照

日照的标准根据城市气候条件决定。在北方地区城市，应该尽最大可能争取日照；某些多雨及寒冷地区的城市，尽可能地使人行街道具有避雨挡寒的设施；在南方城市的街道中，应创造阴影地带。但是，总的看来，建设带有阳光的公共空间的入口有利于建立公共空间的品质并提高其使用率，此外，在某些环境中要考虑减少能源消耗。

太阳角的计算是非常有用的，以便保证人行道的日照，根据阳光的位置、白天日照时间和太阳角来确定建筑高度和体积及建筑方向。

（1）介入的特殊手段及方法：

控制的方法涉及了建筑高度控制、建筑体积控制、建筑方向、整体景观及街道景观等的规划。

（2）区划类型：

• 限制性区划——高度限制指标及建筑重叠的限制条件；

- 权宜处置区划——总平面；
- 奖励区划——带有奖励。

控制指标及条例分为限制指标及条例、权宜处置条例及奖励条例，其中限制指标及条例可以有建筑高度的限制指标；权宜处置条例(也就是自由决定权)主要涉及了总体布局的问题，对平面布局给予一定的弹性控制原则；奖励条例主要是在满足某些日照限制条件之后，给予相关奖励及办法。

（3）实例。

- 圣弗兰西斯科(San Francisco)

对于圣弗兰西斯科来说，日照目标建立在整个商业区用地设计的框架中。相对重要的是在街道中保证日照，在公共空间中保证自然日光的进入，人们是通过建筑高度控制来试图保护街道不成为阴影区。

不言而喻，这种控制类型无法以系统方式进行控制，所以应该重视什么时候需要日照，否则最终没有效果。同样，要注重在中午太阳最强烈的时间段对人行道的使用。

我们明确确定日照目标，但并不涉及区域细节，而是在大的框架下(环境中)，瞄准为行人建立和保持舒适环境及城市尺度的目标。

- 林科乐(Lincoln)

在城市中低密度住宅区要强调日照因素的重要性，因为太阳是一种能源，是形态发展规划中重要的确定因素，它影响了建筑朝向、建筑设计及总体空间规划布局。

此外，在追求日照目标中，基地的地形条件也应该被重视。图 8-1 所示为地形对阴影的影响。

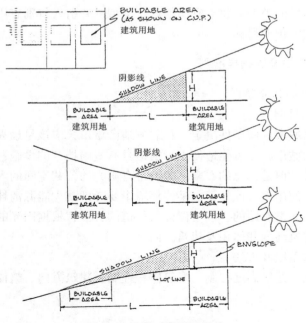

图 8-1　地形对阴影的影响

一般来说，在气候温和的地区（夏天热，冬天冷），冬季人们试图为住宅室内最大限度地争取日照时间，而夏季则利用树叶产生的绿荫带来一些阴凉。

- 多伦多（Toronto）

多伦多城市特别重视冬天室内公共空间的日照，在那里人们通过冬季太阳界限的方法建立基本标准。

此外，对于室外公共空间日照人们也有一些规定，如要求阳光曝光时间在上午 9 点到下午 3 点之间，春秋季节室外公共空间的 60% 面积应该充满阳光。

室外公共空间包括了街道。在多伦多老城中，人们可以选择在阳光下或在阴影下的人行道行走。一些新的建设中，城市已经建立某些规则，以便保证在每个季节有遮蔽区域可以进入。

对一个完整的街区而言，应确保 3 月 21 日春分当天的正午，至少每个街区东西向街道上（建筑）北面人行道的 75% 和南北向街道上（建筑）东侧人行道的 75% 都能够受到阳光直射。

以上例子很清楚地强调了在特定的城市中阳光对公共空间来说是极具价值的，通过"建筑群"建立标准决定阴影空间必要的量，最终确定日照控制的方式（模式），以长年可接受条件为研究目标。

- 圣彼得斯堡（St·Peterburg）

北方城市在其公共空间中倾向创造日照最大值，相反在 St·Peterburg、Florida 这样的城市，传统上应该是希望遮挡阳光的，例如人们在城市商业区设计中，强调阳光遮挡及暴雨遮挡，拱廊及其他遮挡构件在城市中心设计中是表现其特征的重点要素（如图 8-2 所示）。

- 广州

广州夏天炎热日照强烈且多暴雨。广州老城骑楼既能够挡雨又能够遮阴，所以骑楼的建筑形式及街道空间形态成为广州老城空间的特点，这里是能够取得不同遮蔽效果的构件形式，而为了有效地遮挡暴雨及烈日，还应该确定足够的尺度。

2）改善风环境，控制风的强度

（1）主要控制技术方法：

风是气候因素，如果不控制将会使公共空间的使用受到很大的影响。特别是在城市中心建筑密集区，大面积的建筑会阻隔风在风道上移动，并在建筑底部产生紊流。建筑的立面也形成了其他气候影响，例如影响了日照水平等。通过对风的控制也能够形成良好小气候的有利条件，例如在炎热地区街道两侧连续建筑使狭窄街道成为风道改善小气候，因此可以利用建筑环境形态的介入形式解决一些问题。

此外，不同风障形态（如植物的使用）能够减少街道风的强度水平，每一类城市空间形态都应该建立自己的标准。事实上，为了改善人行道的舒适度，应该建议几种尺度并建立不同的等级标准。

为了测试不同设计风力的效果，人们可以进行风条件的仿真试验，为不同的风强度建立对应的舒适水平度及危害度，并对结果进行对比。

对风的主要控制技术方法包括构筑物高度控制、体积控制、建筑方向及景观控制。控

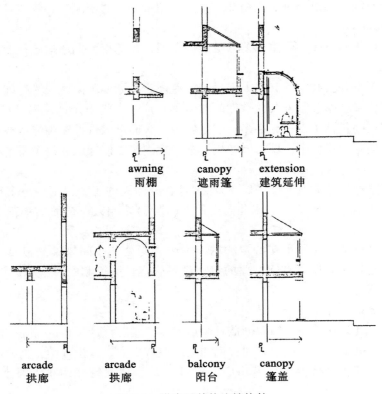

图 8-2　拱廊及其他遮挡构件

制条例类型具有限制性，例如高度限制及建筑上下重叠限制，而具有一定自主权的条例则涉及了总平面规划。

（2）实例：

● 圣弗兰西斯科（San Francisco）

从整体来看，城市肌理紧密，能够有效地减少风的平均速度。然而某些建筑可能引导或加速风流，在不同等级街道及人行道可能形成不良的气候条件。

在圣弗兰西斯科的市中心，高层及大体量建筑占多数，再加上风对于栅格形街道方向的负面影响，使得这些风道沿着东西轴展开，并在 Market Street 街北端交集，而城市的建筑也大量集中在那里。

在栅格网状商业街的北部，风沿街道穿行，东西向街道上的风力相对较强，而在南北向街道上建筑物提供了避风的场所。在商业街网络的南部，环境条件对盛行的西风具有一定的阻挡作用，而对西南和西北风却无能为力。所以，圣弗兰西斯科城市控制方法主要体现在建筑轮廓形态上。

作为常规，建筑布局不应该造成步行区域内的风速超过 11 英里/小时，而在行人驻留区内风速则应控制在 7 英里/小时以内，标准限额不应该超出气候标准的 10%。

● 波士顿(Boston)

　　在美国波士顿关于风条件控制是比较严格的,因为在这里风对于某些行人(如老人和残疾人)能够造成危害。对于这些特殊问题,人们建立标准来进行控制。

　　同时为了保护特殊的敏感的公共空间,要建立一些边界限制,例如休息空间。

　　在波士顿人们更愿意控制风效,重视风的总体影响,努力实现减少污染在空气中的停滞,目标是风的缓和循环。虽然城市处于太平洋持续大量的风的影响下,但在以上观念的指导下,也使城市具有独特地理的定位。

● 渥太华(Ottawa)

　　关于风的控制,渥太华提出建立可接受环境的容许标准的选择。为了避免将一些无用的要求强加给开发者,城市要自问哪些标准可以接受哪些标准不能够接受。

　　谨慎接受的标准基本上是根据风速确定的,这些标准表现的基准点是容许在各种背景下遵守风条件的发展。

　　例如表 8-1 和表 8-2 所示的标准。

表 8-1　　　　　　　　　　　　　　　　**活动空间与风力舒适度关系一览表**

	活动领域	应用的场所	令人愉快 (风力)(级)	比较舒适的 (风力)	令人不快的 (风力)	危险的 (风力)
1	快步行走	人行道	5	6	7	8
2	闲逛、滑冰	公园、入口、滑冰场	4	5	6	8
3	站立、坐(短暂逗留)	公园、休闲场所	3	4	5	8
4	站立、坐(长时间逗留)	室外餐厅、露天剧场	2	3	4	8
				每周一次	每月一次	每年一次

气温比较低时,人们能够预计比较舒适的水平被降低

注意:这涉及了对人行道上舒适度的评价,目前,这种条件比相对舒适程度要低。

表 8-2　　　　　　　　　　　　　　　　**风力舒适度评价表**

描述		轻	小	舒适	凉爽	太凉	大风	强风
风力(级)		2	3	4	5	6	7	8
风速	中等	5 (4)	10 (8)	15 (12)	21 (17)	28 (22)	35 (28)	42 (34)
	极限范围	4-7 (3-6)	8-12 (6-10)	12-18 (10-15)	19-24 (15-20)	25-31 (19-25)	32-39 (25-31)	39-46 (31-38)

续表

描述	轻	小	舒适	凉爽	太凉	大风	强风
风力(级)	2	3	4	5	6	7	8
详细说明	脸上感觉到风,树叶微微作响	树叶及枝丫一直晃动,风能够吹动小旗子	尘土与纸被吹起,树的小枝干被吹动	带叶子的小树开始晃动	树的大枝干晃动,撑雨伞是困难的	整个树被吹动,逆风行走很困难	风能够将树连根拔起,行走困难

参考30英尺高度风的速度;比较接近地面,或是在6英尺高度,风速度参考值为括号中的数字。

- 中国香港

中国香港作为一个高密度而又炎热潮湿的城市,为改善空气流通的情况,将风环境尤其是公共空间的空气流通问题作为一个专题进行研究,并在城市设计层面进行了有效的管控。通过通风廊的设计,利用建筑物在高度、大小、形状、坐向和位置上的差异来改善空气流通。管控方式通过从地区和地盘两个层面对城市设计的空间流通意向进行指引。具体手法如沿主要盛行风的方向辟设通风廊,以及增设与通风廊交接的风道,使空气能够有效地流入市区范围,从而驱散热气、废气和微尘,以及改善局部地区的气候。

2. 城市噪声控制

城市环境中的噪声有三个来源:汽车噪声,重工业噪声及建设活动产生的噪声。噪声还可以通过建筑的反射造成多次污染,因此建筑不良的布局形式也会带来城市噪声的多次污染(如图8-3(a)、图8-3(b)所示)。

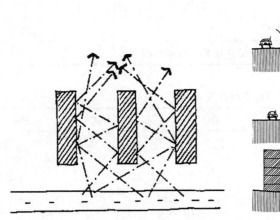

图8-3(a) 噪声反射积累

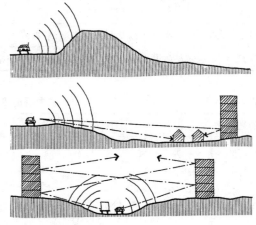

图8-3(b) 不良建筑布局与噪声污染

为了减小声音并降低其影响,同时减少可视污染源的影响,可采用以下几种方法。
(1)固定的轻结构及植物可起到缓冲声音的作用,而某些建筑能够起到声音导向板的作用，使声音改变方向。通过地形地貌来阻隔噪声的传播，也能够起到缓冲声音的作用（如图 8-4 所示），同样也可以通过建筑的布局来阻隔噪声对其他空间的污染，建筑布局得当也能够噪声降低（如图 8-5(a)、图 8-5(b)所示）。

（2）建立噪声水平等级，即指人们围绕着可视的污染声源确定一个或几个不同声强的地带或范围，根据不同声强的地带或范围来确定规划布局。

（3）采用的控制方法：

一般通过控制建筑和景观的建设方式来控制噪声。

①高度控制：合理确定建筑高度，隔绝噪声和放置噪声无序反射。

②体积控制：合理确定建筑体积，包括长宽比例。

③景观布局：合理利用地形地貌达到隔绝噪声的效果。

（4）区划条例类型：

①鼓励性：以奖励额外容积率的形式来鼓励开发商关注公共利益。

②限制性：对于造成不良影响的建设方式进行限制。

③权宜性：容许针对每个设计有足够的灵活性来处理噪声问题。

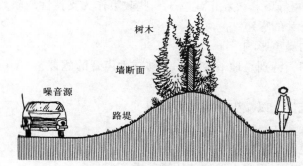

图 8-4 利用地形地貌隔绝噪声

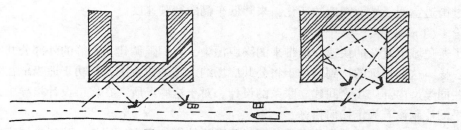

图 8-5(a) 改善建筑布局减少噪声

（5）实例：

波士顿（Boston）：

人们在不断地讨论控制声音危害的方法、效率及预算。波士顿大气污染控制委员会确定了声源控制衡量标准，它效法了国家制定的标准。然而人们强调指出，这些完整的标准并不能有效地控制噪声危害源，在标准使用机制及监督方面存在空白。

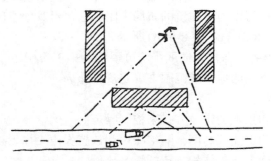

图 8-5(b)　改善建筑布局减少噪声

圣弗兰西斯科(San Francisco)：

圣弗兰西斯科地面交通噪声主要来自卡车、公交车、摩托车和控音较差的汽车。相比较其他类型的噪声，人们对地面交通噪声的抱怨具有长期性。

在圣弗兰西斯科，挑战来源于满足城市交通的需要以及保证每个城市市民拥有安静的环境。在这个方向的指导下，该城市建立了一些政策作为支持性战略。

- 减少与运输活动有关的噪声
- 降低各类噪声源的噪声影响
- 鼓励使用地下空间，特别是地下交通，能够减少声音的危害
　　具体方法：
- 注意控制城市车流量，以减少潜在的污染源
- 支持或扩展轻轨交通
- 在居住街区改变道路交通特征
- 在噪声污染源之间对不相容土地的使用进行重新定位

减少交通噪声的方法之一是降低车辆的行驶速度。图 8-4 中显示的是结合街道景观设计，通过街道空间、地面铺地的变化，来降低车辆的行驶速度。

多伦多(Toronto)：

为了避免城市复杂的快速交通带来的噪声污染，人们强调建立安静的外部公共空间的网络中心核。这个目标的达到归功于将公共广场纳入新的建设中，归功于适当地在外部网络与某些同类型内部广场之间建立联系的设计。对于这些场所，在城市设计指导中，关于噪声水平的控制没有规定任何指标。

另外一方面，要在特殊保护空间的网络里实施特别的规定，例如：建议在城市中指定单独的户外安静公共场所，相邻场所间的步行距离相对较近，场所内的噪声污染尽量减小到最低，24 小时都在 45~55 分贝之间。

3. 自然空间的保留与开发利用

(1)城市中的自然地带一般都是临近生态脆弱地带，但它们具有更重要的作用，这些地带具有无与伦比的财富价值，但却为缺乏全面考虑的发展计划付出了沉重的代价，它们由于缺少由保护政策管理控制的合适规划而处于一种危险之中。

- 自然空间的生态干预价值

自然空间为娱乐活动提供了可能，可以开发可视的景观及旅游，它们也是子孙后代需要继承的宝贵的自然遗产，自然空间也能为提高城市生活质量及树立城市形象作出贡献。

- 需长期保护的空间类型

指不适于发展的空间地段，如陡坡、陡峭的河岸、沙滩、山岗、大山、承载能力较弱的地段(沙丘、沼泽地带)、树林、大的城市公园及某些名胜。

(2) 确定自然保护地带是否被威胁的评价标准，是鉴定和诊断对环境产生负面影响的敏感空间整体，这能够加强我们对不同的污染源的认识。为了保护和开发自然空间，所有公共机构应该进行总体分析，并采取一定的解决措施。

(3) 控制方法：

- 高度控制

在自然保护地段及周边同样应该对自然保护范围内外的建筑和构筑物的高度加强控制。

- 体积控制

应该对自然保护范围内的建筑和构筑物的体积加强控制，以保护自然景观不被破坏，并保证自然用地不被占用。

- 景观规划

对自然景观进行规划，从根本上保证了自然遗产不被破坏。

(4) 区划类型：

区划类型有高度控制区划和重叠区划，这些区划是保护自然空间的重要控制技术及条例。

(5) 实例：

DENVER 河构成了穿过 DENVER 城市中心的带形自然空间，它是这个区域开发成功的标志，这里提供了步行小道、自行车道、休闲及观景等活动的场所。这个宽广的空间过去并不像今天一样如同青葱翠绿的绿洲，从前这里是工业区，土地环境曾一度恶化，后来经过美化运动才使它变成今天的样子。这个工业区曾经被看作是垃圾场和废弃的空间，而如今公共公园却向人们积极地展示了该如何处理穿过工业区的排水沟。像这样为所有人提供愉悦的公园，是城市为美化环境而做出努力的例证。

今天这个自然环境保护与开发的例子使我们认识到城市中心的某些空间在改变用途方面所表现出的巨大潜力，其中最突出的是城市的老工业区。另外，对自然环境的保护和开发还使几个保留地段整合的机遇得到了实现，这有利于大城市职能的发挥，并且使各个部分形成城市整体。

8.2.2 建筑与城市整合设计有关指导条例

1. 在传统建筑环境中怎样插入新的建筑及其建设

(1) 在已经存在的建筑环境中，新建筑及群体的插入提出了与原来空间结构相容性的问题，最终所表现出的具体问题是：需要什么样的体积、立面的处理以及沿街的建筑关系。

一个好的"插入"要重视以上列举的因素，此外必须确定相容性问题，但不排斥建筑设计的独创性及创新性。也就是说在尊重形态特征的精神下进行每个设计，比如说建筑环境、美学质量、自然环境特征或它的特点等。相对地，整体设计必须以建立标准整合为条件，应该重视影响设计的总体因素。

潜在的开发基址越大，城市设计中会遇到的问题也就越大、越多样化。基址越大意味着开发项目越引人注目，对城市结构的影响也就越大。项目中涉及的土地越多，就可能对自然区域、历史遗迹或者街道空间中的公共资源产生越大的影响。开发项目越大，也会对包括交通在内的公共服务提出更高的要求。

此外，除了要考虑整合标准外，服从总体规划的发展并不是附和人们所赋予介入体的某些含义。

（2）在街区和建筑群体中，一个好的介入体（建筑）的特点应该被研究，例如介入方法的优点，介入体本身应该以建筑风格及形态和谐为目标。但是，除了保证建筑（节奏）整体和谐、尊重尺度、街道建筑立面的连续、建筑材料及色彩和谐外，并不是在新的设计中再现以前的发展。

在过去，城市发展形态并不重视城市的环境，这个现象经常在市镇中心地带发生，特别是在商务中心，投机的结果是带来更大的破坏。

（3）控制方法及控制区划：

- 控制方法

    高度控制、体积控制、建筑细部的控制、建筑材料选择的控制及街道布局控制。

- 控制区划

    限制规定包括高度区划、建筑叠加规定及权宜区划。

    例如，在城市用地各方面条件平衡基础上制定的总体规划布局，鼓励性区划是采取的一定鼓励办法而使得建设在重要方面满足要求。

（4）实例：

- ［美］克利夫兰（Cleveland）

    在克利夫兰的传统商业街中，插入的新建筑应该是现代建筑形态，但是要尊重环境建筑的特征，并不建设假的历史建筑，所以人们在建筑风格与城市设计具有意义的要素之间寻求一种平衡。

    以下为具体的方法：

- 高度控制保证城市总体的视觉连续。

- 总是遵循连续的目标。新的建筑宽度与所在地的建筑环境协调或相适应。

- 在大部分商业所在地（场所），所有建筑屋顶总体轮廓应该为连续平缓的，必须避免不和谐的形态。街道转角处建筑的屋顶相对较高，但是形态与周边建筑一致。

- 作为新建筑的布局最好是尊重沿街其他建筑立面的排列。

- 在街景立面的处理上建立连续的节奏，新建筑尊重某些存在的比例关系，这些应该在建筑总的层数上予以考虑。在 Cleveland 商业街，确定建筑高度几乎不超过 3 层。

- 在不同色彩和材料的使用中，为了和谐，应该强调重视新建筑的肌理和色调的调配。

2. 保护与利用历史建筑遗产要素

在现代城市规划设计中建筑遗产及其开发是具有挑战性的课题。城市设计对城市历史背景要素的保存作出贡献，这些背景要素是集体的根基。历史遗产建筑要素具有象征价值，是一种城市基本结构要素。

方法：

(1) 历史建筑修复。

(2) 历史建筑保留。

(3) 历史建筑恢复。

这个方法主要用于那些曾经被改动的历史建筑，试图恢复其历史意义。这些历史建筑被改变用途用于现代活动，并且为适应现代功能而改动了这些历史建筑。

(4) 历史建筑复制：

这个方法的目标是在新的建筑插入时，无法接受新建筑形式，常常采用模仿老建筑风格，这个方法的问题是将使人们无法判断历史建筑的真实性。

(5) 老建筑的移位：

老建筑在原址受到危险损害，人们将该建筑整体搬迁到其他地方。这个方法的使用不是太普遍，并且在老建筑、位置环境及其历史之间的问题方面有争议。

8.2.3　公共空间设计控制指导条例

1. 目标

目标是建设与开发公共空间及半私密空间。

尽管现代汽车处于城市交通的统治地位。但是，人们越来越多地肯定城市中步行交通的重要性，将保护步行交通网络、广场及其他类型的开放空间的发展置于优先位置。这一倾向更重要的考虑是城市环境中的生活质量，对于社会性的空间，这种需要在不停地增长。

2. 控制内容及方法

- 高度控制
- 体积控制
- 建筑布局朝向控制
- 景观规划及街道布局

3. 区划类型

- 限制性区划，包含了叠加区划及兼容性区划内容
- 权宜区划，主要总体规划中体现
- 鼓励性区划，主要是奖励性质

8.2.4　局部改善及适宜性的指导条例

1. 目标

目标是为步行者提供方便。

(1) 改善步行街布局；

（2）步行街构成要素的改善。

在某些方法的介入下，使城市空间更加舒适，涉及城市物质环境方面的有公共使用设施、城市街道设施(城市家具)、车站停靠点、广告栏、某些重要入口的视觉要素，公共空间发展归属于这些要素的适宜性改善。

2. 具体的改善及控制方法
- 给步行者提供步行天桥及过道
- 改善公共使用设施
- 广告的改善，控制广告的尺度、位置，将其纳入到建筑中去，使之成为街道的整体
- 街道树木栽植的控制，确定树木高度、间距及树姿(例如禁止垂挂的树形)

必须确定的是舒适空间的发展不应该被认为是简单的装饰或美化，适宜空间发展有更广泛的复杂因素。

8.2.5 景观控制

目标是城市优美景观的保护与利用。

视觉景观是城市设计中最重要的因素，视觉景观是由环境形象构成的，对视觉景观的重视要求控制建筑尺寸及建筑空间关系。视线保护要求对建筑环境有最低限度的控制范围，主要关注高密度建筑区域，城市中心是我们关注的重要地段。

通常人们保护和开发三种视觉景观类型：封闭视觉景观、轴线景观、远景景观。要对这几类景观进行分析评价，提出问题，为城市提供总的方向，视觉景观评价是城市空间最重要的评价体系。

8.2.6 城市色彩控制

城市设计中城市色彩控制是非常重要的一方面，为了更加科学有效地对城市色彩进行控制管理，许多城市制定了城市色彩管理条例，对城市主色调和重点地段建筑的色彩做出了详细规定。如北京市、福州市、武汉市等。

1. 北京市

作为北京城市总体规划引领下的一个特色专项设计导则——《北京城市色彩城市设计导则》(以下简称《导则》)，以研究首都所在地的地理地貌生态资源的色彩特性以及梳理城市文化历史文脉特色为基础，揭示城市发展历程导致城市风貌形象发生变化的规律，探讨城市色彩所依附的载体，诸如街道、建筑、广场、设施、绿化带、甚至夜间亮化工程等呈色的可塑性，研究城市色彩规划在宏观、中观和微景观层面色彩所呈现的美学意义的特点、特性，以及色彩相关规划与设计、营造与管理的可能性等一系列课题，为城市风貌特色与品质的传承与创新提供理论依据和方法系统。

1)"丹韵银律"——北京城市色彩主基调

《导则》从北京历史、人文、地理、民俗等角度出发，经过大量现场调研，梳理和提取出城市关键色谱与色域，确定北京城市色彩"主旋律"为"丹韵银律"。从色彩学的语境看，它由"丹韵"引导的红色系与"银律"引导的灰色系两大色系构成。从现实景观的视觉感受来看，"丹色"之暖与"银律"之冷和谐交融，互为补充，相辅相成，构成了北京城市

相得益彰的色彩主基调。

2）分区、分类、两轴色彩管控

为了实现精细化管控，《导则》衔接总规"一核一主一副、两轴多点一区"的市域空间结构，以及城市风貌分区，将北京划分为四个城市色彩分区，并对每个分区提出色彩主旋律及风貌特征引导。

- 古都色彩控制区：红黄金碧、青院素城、古今交辉、大城经典
- 现代色彩控制区：丹韵银律、斑斓京韵、时尚新颖、多元交汇
- 平原色彩控制区：多元并列、各显特色
- 山区及山前色彩控制区：城峦共生、自然和谐

同时，针对北京城市重要"两轴"，长安街与中轴线的色彩趋势与发展，《导则》也提出了相应的色彩引导建议。

中轴线的色彩控制力求塑造具有北京文化特色的色彩氛围，打造活力多样的中轴线色彩空间，通过控制组团色彩形象，强调组团色彩特征，延续历史文脉。

长安街的色彩氛围整体以沉稳、厚重、大气的形象为主，强调分段定位与塑造，展现与大国首都风范相符合的城市色彩形象。

3）聚焦老城，色彩管控出实招

《导则》聚焦老城，对现状色彩问题进行归纳整理，提出了色彩管控建议。

针对色味变异现象，《导则》建议在传统建筑修缮过程中，保持建筑的原有用材、用色特征，避免出现冷灰色替代暖灰色，单一颜色材料简单覆盖的现象发生。

针对背景建筑色彩突兀的现象，《导则》建议传统风貌保护区的平房区内禁止大面积使用高艳度色彩。

针对北京大量已建建筑，《导则》从城市发展历程出发，对北京城市建筑按照使用功能、建设年代等要素进行分类，分为皇家建筑、传统民居建筑、现代大型地标建筑、商业商务建筑、公共建筑、现代居住建筑、工业建筑七个类型，聚焦建筑单元，给出建筑色彩相应的引导与管控。

如成片住宅建筑，《导则》对建筑的色调定位、配色要求、格调营造、现存问题及策略等提出正向引导，使其在未来发展过程中逐渐形成与北京整体色彩面貌相协调的且具有北京特色的色彩形象。

2. 福州市

立足历史文化与自然环境特征，福州市提出"清新山水，古雅榕城"的城市建筑色彩主题，引导形成自然山水与人文建筑相互映衬，温润雅致、清新宜人的城市总体色彩印象。

《福州市城市色彩规划实施导则》从传统建筑色彩、城市自然环境、都市气候等多方面综合考虑，确定福州中心城区建筑主色调为"暖白亮灰"，其中"暖白"意为温暖雅致的白色，"亮灰"意为明亮轻快的灰度色彩，总体调淡城市主色调，增加无彩色系及部分高明度、低艳度色系。同时，形成建筑色彩 37 个推荐色谱，明确建筑色彩参数控制区间（满足参数范围内的色彩皆可使用），在管控总体色彩方向的基础上，给予建筑色彩应用更多的灵活空间。

《导则》从建筑单体配色、建筑群体配色、环境协调、材质及建筑功能等方面提出六条建筑色彩应用通则，包括建筑单体配色参数使用规则，不同体量及高度的建筑群体配色方案，山、水、古城边的建筑色彩协调规则，常用材质的色彩控制说明，居住、商业、公共设施等不同功能建筑色彩使用规则等。同时，根据不同地段在文化、景观、区位、功能等方面的特征及重要性差异，将福州市中心城区划分为十个色彩分区，并制定分区图则，对建筑色彩进行引导和管理。

3. 武汉市

武汉分别于 2003 年、2015 年进行建筑色彩规划与管理研究，并发布中心城区建筑色彩和材质管理规定，指导具体项目实施。2020 年，基于 2015 年发布的《中心城区建筑色彩和材质技术指南》制定了《武汉市新城区（开发区）建筑色彩规划指引》，对武汉新城区和中心城区的建筑色彩进行了统一管控，逐步形成了武汉的主体色调。

武汉城市色彩的设计以塑造"统一和谐、丰富有序"的城市建筑色彩形象为目的，通过相关研究和法规管控，控制和引导武汉市建筑色彩和材质的选用和设计，实现对建筑色彩管理的标准化、规范化和法制化，确保武汉城市色彩形象的落实。

武汉明确了"明快清爽、大气灵秀"的武汉色彩形象定位及"暖白灰橙"的主色调，并对重要的展示界面，如两江四岸、环东湖的滨水空间进行了色彩材质推荐与禁用范围指引。例如，在相关技术指南中明确规定了禁用色谱，大红、大黄、大紫等刺激性颜色均被列入不可使用范围。为了让建筑与自然环境更好地融合，以青山为背景的建筑宜选择中低明度基调色，以天空为背景的建筑宜选择中高明度基调色。滨水、临街建筑均应注重横向色彩的延续性。同时，为塑造丰富活跃的滨水、临街氛围，相较于背景建筑，前景建筑的色彩应当相对丰富、明快。中心城区的"暖白灰橙"主色调、分区分级的管控模式等得到普遍认可。

武汉城市色彩和材质规划正逐步转化纳入"一张图"规划管理平台，结合武汉城建发展趋势及三旧改造计划，划定重点管控区和一般管控区。其中，重点管控区建筑色彩和材质，必须严格遵守推荐色彩和推荐材质；一般管控区建筑色彩和材质，须严格禁用色、禁用材质的使用，鼓励推荐色彩、推荐材质的使用。

8.3　城市设计中的区划类型

前面的内容里事实上已经有过关于区划类型的讨论，在这一节里专门讨论区划类型，主要是对城市设计中的区划类型进行系统的介绍，并明确地告诉我们每个类型区划的语言表达、控制方法、控制内容及范围。

8.3.1　限制性区划

限制性区划是确定必须执行的一系列总的标准规范指标，涉及了土地使用、建筑物的界限形态和设施预留用地，这些标准用肯定的语言表达（就是许可的表达）或否定的语言表达（就是禁止的表达）。这个工具最大的劣势是缺少弹性，它限制了设计中创造的可能性。

限制区划的类型有：

1. 叠加区划

在一些特定的城市区域及县市，这类区划重视补充规定，这个补充规定出现在已经存在的区划里。在区划里，这个工具主要用于特殊价值的地段和保护地段。

叠加区划可能是限制类型，也可能是鼓励类型。这类区划主要在下列地段和背景中使用：市中心、文化区域、自然保护空地、历史地段及港口区。

2. 高度限制区划

这类区划属于涉及重视光照时间及景观视线廊道预留的范围，并试图控制城市建筑比较高的地区的建筑面积密度(也就是容积率)。

3. 包含特殊使用区划

一个区划里包含一个特别的条款，这就是在发展计划中，在一个区划条例里有一个包含特别使用条例。比如说在一个住宅区发展计划中，区划条例中能够有一个关于廉价居住单位比例的强制标准，这个标准是必须要执行的。

8.3.2　权宜处置区划

与限制性区划缺少弹性的特征相反，权宜处置区划容许针对每个设计有足够的灵活性，它能够通过设计表达，一般来说通过总平面形式来介入表达。这个区划以规章或指导条例的方法作为表达方式，它向开发者显示所希望的设计类型。

每个设计(计划)同样服从限制性区划的评价，与限制区划不符的设计一上来就被排除，城市在设计类型的选择上拥有很大的自由度。

这个区划的基础是可转让性的发展标准的建立，在于给予发展商一个确定的方向，以便保证在设计当中建筑学参数的确定有一定的弹性。

8.3.3　鼓励区划

这个区划的选择是与市区发展背景相关联的。经历经济高速发展之后的市区是敏感的，在设计标准的选择中是比较严格的。另一方面，市区发展拥有很少的吸引力，为了增加其魅力，要倾向于使用灵活的有利于激励的机制，努力吸引新的发展，例如可以借助于税收策略。在形态及严格变量控制的选择中城市发展背景很重要。

这个区划的使用通常涉及以下几个方面：容积率及休闲空间的规划。

1. 绩效区划

绩效区划是建立在一系列绩效标准上的。对于污染性活动，绩效标准指定最低质量水平。人们建立这些标准，是为了减少与工业活动有关的污染危害。

2. 奖励区划

奖励区划的主要目的是给予发展商一定的楼地板面积奖励，条件是在他的计划中提供舒适的休闲公共空间场所。

8.4　经济政策

经济政策有宏观经济政策和微观经济政策之分。宏观经济政策包括财政政策、货币政策、收入分配政策等。微观经济政策指政府制定的一些反对干扰市场正常运行的立法以及环保政策等。在某些情况下，例如，当市场停滞时（或是市场竞争力微弱时），经济手段是城市设计市政政策某些方面的必要补充要素。当人们回顾城市发展时发现这些手段的重要性是在私人领域中显现出一定的弹性，伴随经济手段的数据主要是为了控制城市发展参数的增长。

在经济政策中，人们能够去找到规定的费率及其他投资技术控制，例如私人利益方面的补贴政策、城市发展重点的补贴等。所有这些措施虽然有时可能是某些机构的工作，但经常属于政府层面的工作，因为归根结底是政府使管理计划整体和谐，并且使投资能够发展。

8.4.1 征税的措施

1. 特别税

某些类型的特别税是为了改善地方状况及服务而抽取的，人们向所有者征特别税，以便于新的投资。

这类特别税收不仅能够容许某些地段进行规划及设计的落实，同样也能够保证规划设计实施的有效性。

2. 减少税费

为了公共利益中某些必要的发展设想，采取这一措施容许减少税费或是消除税务承担（相对于所有者来说原来的高税费）。一般人们在相对税费比较高的领域发展需要一种推动力，减少税费是一种很好的措施。例如在建筑遗产保护计划方面可能会遇到在新建设中取得平衡的问题，减少税费可以得到很好的收益。

3. 建立在增加税收基础上的投资

指建立在总税收收入基础上的新的投资措施。在前期税收收入的基础上，与那些由于新的发展而使资产价值增加的部分相联系，通过地方权力机关获得投资。这种方法能够保证地方修缮的投资，例如街道及人行道整治及城市景观治理。

4. 在投资方面的税费信用

这是另外一种帮助投资及开发的形式，能够为对地方及地区改造作出贡献的集团带来利益，投资者能够在各种税费减少的情况下处于给予的状态，历史建筑的保护、城市中心工业及商业功能的重新定位等规划设计都可能依靠这类手段来保证它们的实施。

8.4.2 其他投资手段和方法

1. 补贴利率

部分获利用于今后的发展，可以给予补贴。

2. 信托基金

用于计划的投资模式，这些计划通过多类地方组织或开发者来进行，计划目标主要是关于历史遗产保护、居住发展或文化领域发展等。

3. 借贷偿还再投资

是一种协议投资模式，用借贷偿还资金进行再投资。

4. 合伙发展

项目类型是为了实现街区改造和历史遗产要素保护，鼓励公共与个人机构整合，这种投资方式有利于公共利益。通过这种方法，人们能够开发未完全利用的公共土地及公共上空领域的权利。

5. 土地银行

在市政府获得的公共土地上集中发展，某些土地能够以出售或是出借的方式转让。此外市政府能够在协议中附加某些条款，这些附加条款主要是为了达到规划目标，土地获得者在协定中对特别限定条件负责。

本 章 小 结

城市设计的实施在很大程度上属于控制范畴，对于城市设计的控制，也就是要求城市必须遵循城市设计所制定的各项控制技术标准。

城市设计控制技术涉及环境因素的指导准则、建筑与城市整体设计、公共空间的建设、街道设施的局部改善及适宜类型、景观控制、色彩控制等方面，每个方面有不同的控制指标系统、控制条例、采用的控制方法以及确立的容许区划类型。

城市设计控制技术有助于确定城市设计控制要素的合理使用，建立有用的评价类型以及达到预期的城市发展目标。

在市场经济条件下，城市设计还需要通过经济政策和经济手段，例如税收措施和其他投资方法，合理有效地促进城市土地和空间的发展。

思 考 题

1. 思考确保城市公共空间日照的控制方法、控制指标及条例。

2. 结合所在城市分析如何通过控制方法及控制区划达到传统建筑与新建筑的整体协调？

3. 以你所在城市为例，分析城市不同功能区域的色彩控制设计。

4. 如何通过经济政策与经济手段保证城市历史区域及其历史建筑的保护与开发的实施？

5. 以所在城市为例，调查其采用了哪些经济和政策的方法来完善城市建设。

参 考 文 献

1. 中共中央、国务院关于建立国土空间规划体系并监督实施的若干意见，2019.

2. 自然资源部关于全面开展国土空间规划工作的通知，2019.

3. 刘生军．现代城市设计原理[M]．北京：中国建筑工业出版社，2021.

4. 夏青．历史地区城市设计[M]．北京：中国建筑工业出版社，2021.

5. 杨震，周怡薇，于丹阳．英国城市设计与城市复兴：典例与借鉴[M]．重庆：重庆大学出版社，2021.

6. 赵亮，等．城市设计的空间思维解析[M]．南京：江苏凤凰科学技术出版社，2021.

7. 朱子瑜，等．总体城市设计的实践与探讨[M]．北京：中国建筑工业出版社，2021.

8. 沃沃，胡友培，唐莲．城市设计理论与方法[M]．北京：中国建筑工业出版社，2020.

9. 王小斌．城市设计与案例分析[M]．北京：中国建材工业出版社，2020.

10. 中国工程院．城市设计发展前沿[M]．北京：高等教育出版社，2020.

11. 庄宇．城市设计实践教程[M]．北京：中国建筑工业出版社，2020.

12. 刘海燕，谭晓鸽．重点地区城市设计：从开发设计到保护更新[M]．北京：科学出版社，2019.

13. 段进，刘晋华．中国当代城市设计思想[M]．南京：东南大学出版社，2018.

14. 李进．宋元明清时期城市设计礼制思想研究[M]．北京：人民日报出版社，2017.

15. 城市居住区规划设计标准 GB 50180—2018.

16. 国土空间规划城市设计指南 TD/T 1065—2021.

17. [英]F. 吉伯德，等．市镇设计[M]．程里尧，译．北京：中国建筑工业出版社，1987.

18. [美]E. D. 培根，等．城市设计[M]．黄富厢，朱琪，译．北京：中国建筑工业出版社，1989.

19. [美]凯文林奇．城市意象[M]．方益萍，何晓军，译．北京：华夏出版社，2001.

20. [英]史蒂文·蒂耶斯尔，蒂姆·希思，[土]塔内尔·厄奇．城市历史街区的复兴[M]．张玫英，等，译．北京：中国建筑工业出版社，2006.

21. 鲁道夫·阿恩海姆．视觉思维[M]．滕守尧，译．北京：光明日报出版社，1986.

22. [英]克利夫·芒福汀．街道与广场[M]．张永刚，陆卫东，译．北京：中国建筑工业出版社，2004.

23. [意]阿尔多·罗西．城市建筑学[M]．黄士钧，译．刘先觉，校．北京：中国建筑工业出版社，2006.

24. 王其亨．风水理论研究[M]．天津：天津大学出版社，1992.

25. ［丹麦］S. E. 拉斯姆森. 建筑体验［M］. 北京：知识产权出版社，2001.

26. ［日］芦原义信. 街道的美学［M］. 尹培桐，译. 天津：百花文艺出版社，2006.

27. ［日］芦原义信. 外部空间设计［M］. 尹培桐，译. 北京：中国建筑工业出版社，1985.

28. ［美］詹姆斯·E. 万斯. 延伸的城市［M］. 凌霓，潘荣，译. 北京：中国建筑工业出版社，2007.

29. ［美］刘易斯·芒福德. 城市发展史——起源、演变和前景［M］. 宋俊岭，倪文彦，译. 北京：中国建筑工业出版社，2005.

30. 张枢. 城市空间设计分析［J］. 世界建筑导报，1986.

31. 陈民傑. 城市中的街道［J］. 世界建筑导报，1986.

32. 游明国. 都市步行街的规划［J］. 世界建筑导报，1986.

33. ［瑞士］约翰内斯·伊顿. 色彩艺术［M］. 杜定宇，译. 上海：上海人民美术出版社，1985.

34. 刘敦桢. 中国古代建筑史［M］. 北京：中国建筑工业出版社，1980.

35. 齐康. 城市建筑［M］. 南京：东南大学出版社，2001.

36. ［美］R. L. 格列高里. 视觉心理学［M］. 彭聃龄，杨旻，译. 北京：北京师范大学出版社，1986.

37. ［美］戴维·索特. 景观建筑学［M］. 王玲，孟祥庄，译. 北京：中国林业出版社，2008.

38. 中国城市规划设计研究院，建设部城乡规划司，上海市城市规划设计研究院. 城市规划资料集［M］. 北京：中国建筑工业出版社，2005.

39. ［瑞士］维雷娜·申德勒. 欧洲建筑色彩文化——浅述建筑色彩运用的不同方法［J］. 世界建筑，2003.

40. StoDesign 色彩设计中心. 小公寓色彩设计［J］. 世界建筑，2003.

41. ［意］L. 贝纳沃罗. 世界城市史［M］. 薛钟灵，等，译. 北京：科学出版社，2000.

42. 尹思谨. 城市色彩景观设计［M］. 南京：东南大学出版社，2004.

43. 施淑文. 建筑环境色彩设计［M］. 北京：中国建筑工业出版社，1991.

44. 中国城市科学研究会. 城市环境美学研究［M］. 北京：中国建筑工业出版社，1991.

45. 高履泰. 建筑色彩原理与技法［M］. 北京：中国水利水电出版社，2001.

46. 潘谷西. 中国建筑史［M］. 北京：中国建筑工业出版社，2004.

47. 沈玉麟. 外国城市建设史［M］. 北京：中国建筑工业出版社，2006.

48. ［英］克利夫·芒福汀，泰纳·欧克，史蒂文·蒂斯迪尔. 美化与装饰［M］. 韩冬青，等，译. 北京：中国建筑工业出版社，2004.

49. 李军. 近代武汉（1861—1949 年）城市空间形态的演变［M］. 武汉：长江出版社，2005.

50. 李军，张亚薇. 公交设施建设对城市公共空间的影响［J］. 城市规划，2008，6：75-79.

51. 建筑设计资料集编委会. 建筑设计资料集［M］. 北京：中国建筑工业出版社，1994.

52. ［加］约翰·彭特. 美国城市设计指南［M］. 庞玥，译. 北京：中国建筑工业出版社，2006.

53. [美]约翰·O. 西蒙兹. 景观设计学[M]. 北京：中国建筑工业出版社，2000.

54. 武汉市规划设计研究院. 武汉城市建筑色彩管理规定(试行稿). 武汉城市建筑色彩控制技术导则.

55. 韩秀琦，孙克放. 当代居住小区规划设计方案精选[M]. 北京：中国建筑工业出版社，2000.

56. 富英俊. 浅谈园林植物配置[J]. 园林，2001(5)：19-20.

57. 袁栋. 浅谈居住区绿化设计[J]. 城乡建设，1999(8)：25-26.

58. 吴林春，丁金华. 对居住区环境建设中绿化设计的思考[J]. 建筑知识，2002(3)：13-15.

59. 黄伙南. 对居住区绿化建设中几个问题的思考[J]. 建筑知识，2003(1)：5-7.

60. 蔡丽明. 对居住区环境建设中的几个要素的探讨[J]. 建筑知识，2001(2)：19-20.

61. 杨赉丽. 城市园林绿地规划[M]. 北京：中国林业出版社，1995.

62. 陈强，姜新成，张革. 长春市文化广场园林绿化浅析[J]. 中国园林，2000(5)：54-56.

63. 李汉飞. 环境为先巧在立意——浅谈居住区环境景观设计[J]. 中国园林，2002(2)：11-12.

64. 徐振荣. 绍兴市罗门西村小区绿化[J]. 中国园林，2000(6)：53-54.

65. Jean F. Turcotte, Critères de design[M]. Québec：Commission d'aménagment de la communauté urbaine de Québec，1978.

66. André Vaillancourt, Bréatrice Sokoloff. La pratique du design urbain en Amérique du Nord[M]. Monréal：L'Université de Monréal，1989.

67. Philippe Panerai, Jean Castex, Jean-Charles Depaule. Formes urbaines de l'ile à la barre[M]. Paris：Editions Parenthèses，1997.

68. Philippe Panerai, Marcelle Demorgon, Jean-Charles Depaule. Analyse urbaine[M]. Paris：Editions Parenthéses，1999.

69. Barry Maitland. Shopping malls：planning and design[M]. London：Construction Press，1985.

70. Pierre Clément. Arte Charpentier[M]. Paris：Edition du Regard，2003.

71. L'Indispensable. 26 plan de A à Z Paris[M]. Paris：L' L'Indispensable，2003.

72. Drigée par Jean-Francois Coulais, Pierre Gentelle, Equipe Terre des Ville. Paris et l'Ile de France[M]. Frace：Belin，2003.

图 索 引

第 1 章

图 1-1　雅典卫城平面图 ·· 6

图 1-2　米列都城平面图 ·· 6

图 1-3　法国巴黎圣-丹尼斯 ·· 7

图 1-4　巴黎凡尔赛宫平面图 ·· 8

第 2 章

图 2-1（a）　比例与模数 ··· 15

图 2-1（b）　四张半席房间与一百张席房间的空间比较 ··········· 16

图 2-2　视域与被看物体的关系 ·· 17

图 2-3　空间与视角 ··· 18

图 2-4（a）　广场中的铺地营造向心的空间效果 ····················· 19

图 2-4（b）　人行步道铺地 ··· 19

图 2-5（a）　不同色彩的铺地 ··· 20

图 2-5（b）　空间光影的变化 ··· 20

图 2-6（a）　镜像对称 ·· 21

图 2-6（b）　旋转对称 ·· 21

图 2-6（c）　意大利罗马的波波洛广场 ····································· 22

图 2-7　明清时期北京城的故宫 ··· 22

图 2-8　西藏布达拉宫 ··· 23

图 2-9（a）　重复与节奏 ·· 24

图 2-9（b）　快节奏与慢节奏的比较 ·· 24

图 2-10　荷兰阿姆斯特丹运河两岸的山形墙建筑 ······················ 25

图 2-11（a）　形态渐进图 ·· 26

图 2-11（b）　色彩渐进图 ·· 26

图 2-12　街道与广场的对比 ··· 26

图 2-13　色彩对比 ·· 27

图 2-14　光影对比 ·· 28

图 2-15　图底关系 ·· 28

第3章

图 3-1　城市带状空间形态 ·· 31

图 3-2　地形地貌塑造城市建筑形象 ······························ 31

图 3-3　地形地貌影响城市建筑空间形态 ························· 31

图 3-4　建筑退台提供街道空间日照需求 ························· 33

图 3-5　廊道空间满足遮风避雨的要求 ··························· 34

图 3-6　西藏建筑的窗、墙顺应气候的变化 ····················· 34

图 3-7　街道特色植物突出城市景观形象 ························· 35

图 3-8(a)　近代汉口原华界老城区的城市肌理特征 ············ 37

图 3-8(b)　近代汉口原租界的城市肌理特征 ··················· 38

图 3-8(c)　近代汉口里弄住宅街区的空间肌理特征 ············ 39

图 3-8(d)　汉口棚户街区空间肌理 ····························· 39

图 3-8(e)　近代汉阳城市空间肌理特征 ························· 40

图 3-9(a)　欧洲城市建筑沿街道周边式布局 ··················· 42

图 3-9(b)　建筑入口场地设计 ································· 43

图 3-10(a)　巴黎城市轴线空间组织形态 ······················ 44

图 3-10(b)　枫丹白露宫苑入口建筑沿轴线对称布局 ············ 44

图 3-10(c)　浙江杭州市吴宅平面 ····························· 45

图 3-11(a)　建筑围合广场布局 ······························· 45

图 3-11(b)　建筑围绕花园呈组团布局 ························· 46

图 3-12(a)　建筑呈行列式布局 ······························· 46

图 3-12(b)　建筑沿道路布局 ································· 47

图 3-13(a)　欧洲某城市街区不同时期的建筑群空间组合形态 ···· 48

图 3-13(b)　法国凡尔赛 Toulous 用地形态 ···················· 49

第4章

图 4-1　商业街拱顶与商店关系示意图 ··························· 60

图 4-2　购物中心与街道关系示意图 ····························· 60

图 4-3　水道空间 ··· 62

图 4-4　步行街 ··· 62

图 4-5　直线形街道 ··· 63

图 4-6　曲线形街道 ··· 63

图 4-7　蒙特利尔地下网络 ····································· 64

图 4-8(a)　巴黎莱阿市场平面图 ······························· 65

图 4-8(b)　巴黎莱阿市场剖面图 ······························· 65

图 4-9(a)　建筑临河布置 ····································· 66

图 4-9(b)　建筑与河道间的街道 ······························· 66

图 4-10　一侧建筑一侧街道 ··································· 66

图 4-11　建筑拱廊临河道 ································· 66

图 4-12　palace Annunziata ···················· 68

图 4-13　不规则的广场形式 ······················· 69

图 4-14(a)　la place des Vosges(巴黎浮日广场) ············ 71

图 4-14(b)　Paris(巴黎) ························ 71

图 4-15(a)　喷泉在空间组织中的作用 ············ 72

图 4-15(b)　雕塑在空间组织中的作用 ············ 72

图 4-16(a)　莱阿市场商业中心 ·················· 73

图 4-16(b)　莱阿市场中心半地下广场 ············ 73

图 4-17(a)　Saint-Lazare 地铁站出口 ············· 74

图 4-17(b)　Saint-Lazare 地铁站剖面 ············· 74

图 4-18　街道照明设施 ··························· 75

图 4-19　罗马街道上的店招广告 ·················· 76

图 4-20　行道树引导视线 ························· 76

图 4-21(a)　利用植物形成休闲场所 ·············· 77

图 4-21(b)　植物围合组织不同空间 ·············· 77

图 4-22　铺地差异区分不同空间场所 ·············· 78

第 5 章

图 5-1　比例与街道断面图 ························· 81

图 5-2(a)　中国传统风貌街道 ··················· 82

图 5-2(b)　欧洲街道风貌 ······················· 82

图 5-2(c)　现代风格街道 ······················· 82

图 5-3　大型公建对街道空间的影响 ··············· 82

图 5-4　美国加州旧金山市场大街开放性的骑楼及宽广的人行道，人车分流的
街道形式 ······························ 83

图 5-5(a)　人行与车行完全分离 ················· 85

图 5-5(b)　步行街区 ··························· 85

图 5-6　日本横滨伊势佐木步行街 ················· 86

图 5-7(a)　丹麦哥本哈根斯特洛耶步行街 ·········· 87

图 5-7(b)　法国巴黎曲线形街道 ················· 87

图 5-8(a)　街道座椅 ··························· 88

图 5-8(b)　街道遮阳设施 ······················· 88

图 5-8(c)　街道转角处花坛 ····················· 89

图 5-8(d)　街道喷泉 ··························· 89

图 5-9(a)　佛罗伦萨旧桥到佛罗伦萨大教堂的空间序列 ······· 90

图 5-9(b)　佛罗伦萨旧桥 ······················· 90

图 5-9(c)　乌菲齐美术馆 ······················· 90

图 5-9(d)　德拉·西尼奥拉里广场 ·· 90

图 5-9(e)　佛罗伦萨圣母百花大教堂 ··· 90

图 5-10　街道节点广场 ·· 91

图 5-11(a)　圆形广场 ··· 93

图 5-11(b)　不规则广场 ··· 93

图 5-11(c)　长方形广场 ··· 94

图 5-11(d)　广场四周建筑风车形布局 ·· 94

图 5-11(e)　广场四角封闭 ·· 94

图 5-11(f)　广场四角开敞 ··· 94

图 5-11(g)　广场四角开敞且有两条街道穿过 ······························ 95

图 5-12(a)　圣马可广场平面图 ··· 96

图 5-12(b)　圣马可大教堂与钟楼 ·· 96

图 5-12(c)　圣马可靠海湾的小广场 ·· 97

图 5-13(a)　罗马市政广场 1 ·· 98

图 5-13(b)　罗马市政广场 2 ·· 98

图 5-14(a)　罗马圣彼得广场 1 ··· 99

图 5-14(b)　罗马圣彼得广场 2 ··· 99

图 5-14(c)　罗马圣彼得广场 3 ··· 99

图 5-15(a)　罗马波波罗广场 1 ··· 101

图 5-15(b)　罗马波波罗广场 2 ··· 101

图 5-16(a)　罗马纳伏纳广场 1 ··· 101

图 5-16(b)　罗马纳伏纳广场 2 ··· 101

图 5-16(c)　罗马纳伏纳广场 3 ··· 101

图 5-17　佛罗伦萨安农齐阿广场 ·· 102

图 5-18(a)　佛罗伦萨德拉·西尼奥拉广场 1 ······························ 103

图 5-18(b)　佛罗伦萨德拉·西尼奥拉广场 2 ······························ 103

图 5-19　美国波特兰先锋法院广场 ·· 105

图 5-20(a)　加拿大蒙特利尔市中心某广场 1 ······························ 105

图 5-20(b)　加拿大蒙特利尔市中心某广场 2 ······························ 105

图 5-20(c)　加拿大蒙特利尔市中心某广场 3 ······························ 106

图 5-21　空间区位图 ··· 107

图 5-22　广场总平面 ··· 107

图 5-23　列阿莱广场鸟瞰 ··· 108

图 5-24　火车站地区整体空间 ·· 109

图 5-25　火车站地区两条轴线 ·· 110

图 5-26　西广场总平面图 ··· 110

图 5-27　西广场及活动场景 ·· 111

图 5-28(a)　东广场与周边建筑的关系 ·· 112

图 5-28(b)　东广场总平面 ·· 112

图 5-29　东广场流线分析 ·· 112

图 5-30(a)　巴黎城市大轴线 1 ··· 114

图 5-30(b)　巴黎城市大轴线 2 ··· 114

图 5-31　以道路为基准的轴线 ··· 116

图 5-32　以建筑及建筑空间为基准的轴线 ·· 116

图 5-33　以绿地等公共空间为基准的轴线 ·· 117

图 5-34　明清北京宫城的空间序列 ··· 118

图 5-35　中国佛寺空间序列 ··· 119

图 5-36　昌迪加尔行政中心 ··· 120

图 5-37(a)　深圳中心区 1 ··· 121

图 5-37(b)　深圳中心区 2 ··· 122

图 5-38　英国哈罗城镇商业中心 ··· 123

图 5-39(a)　购物中心向心式布局 ·· 124

图 5-39(b)　购物中心哑铃式布局 ·· 124

图 5-39(c)　购物中心 T 形和 L 形布局 ·· 125

图 5-39(d)　购物中心线型(廊道式)公共空间 ······································ 126

图 5-39(e)　线型公共空间连接多个购物中心 ······································ 126

图 5-39(f)　中庭式公共空间 ·· 127

图 5-39(g)　Forum des Halles 中庭空间 1 ·· 127

图 5-39(h)　Forum des Halles 中庭空间 2 ·· 128

图 5-40(a)　巴黎圣母院 ·· 130

图 5-40(b)　巴黎埃菲尔铁塔 ·· 130

图 5-40(c)　巴黎拉德方斯大拱门 ·· 130

图 5-41(a)　意大利圣马可大教堂 ·· 131

图 5-41(b)　意大利圣马可广场上的钟楼 ·· 131

图 5-42(a)　巴黎星形广场上的凯旋门 1 ·· 132

图 5-42(b)　巴黎星形广场上的凯旋门 2 ·· 132

第 6 章

图 6-1(a)　武汉市民之家的色彩对比 ·· 136

图 6-1(b)　德国老芬堡小公寓 ·· 136

图 6-2　巴黎音乐城 ··· 137

图 6-3　武汉汉秀剧场 ·· 140

图 6-4(a)　武汉吉庆街入口 ··· 140

图 6-4(b)　武汉汉口里入口广场 ··· 140

图 6-5　巴黎拉维莱特公园入口 ·· 141

图 6-6(a)　北京城 ··· 142

图 6-6(b)　苏州城 ·· 142

图 6-7　典型欧洲城市色彩 ·· 142

图 6-8(a)　佛罗伦萨的城市色彩 1 ································ 142

图 6-8(b)　佛罗伦萨的城市色彩 2 ································ 142

图 6-9　法国红村 ·· 143

图 6-10　洪村民居 ·· 143

图 6-11　弗鲁格斯社区 ··· 144

图 6-12　武汉江汉关 ··· 144

图 6-13　武汉大学老建筑群 ·· 144

图 6-14　法国蓬皮杜中心 ·· 145

第 7 章

图 7-1　四株配合的图示 ·· 153

图 7-2　德国埃森城市公园 Nordstern Park 的地形设计 ······· 154

图 7-3　旱地喷泉 ·· 156

图 7-4　雕塑小品 ·· 161

第 8 章

图 8-1　地形对阴影的影响 ·· 178

图 8-2　拱廊及其他遮挡构件 ·· 180

图 8-3(a)　噪声反射积累 ··· 182

图 8-3(b)　不良建筑布局与噪声污染 ······························ 182

图 8-4　利用地形地貌隔绝噪声 ····································· 183

图 8-5(a)　改善建筑布局减少噪声 ································· 183

图 8-5(b)　改善建筑布局减少噪声 ································· 184

附录　本书彩色图例

图 2-5(b)　空间光影的变化

图 2-6(a)　镜像对称

图 2-10　荷兰阿姆斯特丹运河两岸的山形墙建筑

图 2-11(a) 形态渐进图

图 2-13 色彩对比

图 2-14 光影对比

图 6-1(b) 德国老芬堡小公寓

图 6-2 巴黎音乐城

图 6-3　武汉汉秀剧场

图 6-4(b)　武汉汉口里入口广场

图 6-5 巴黎拉维莱特公园入口

图 6-7 典型欧洲城市色彩

图 6-8(a) 佛罗伦萨的城市色彩 1   图 6-8(b) 佛罗伦萨的城市色彩 2

图 6-9 法国红村

图 6-11 弗鲁格斯社区

图 6-13 武汉大学老建筑群

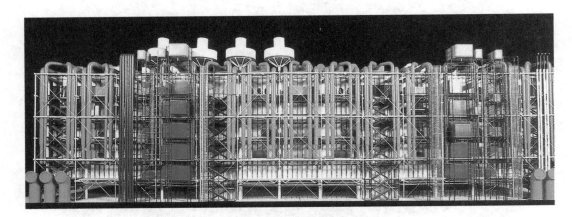

图6-14　法国蓬皮杜中心

图7-2　德国埃森城市公园 Nordstern Park 的地形设计